T, REX

霸王龙与

AND THE

CRATER

末日陨星坑

OF

DOOM

［美］沃尔特·阿尔瓦雷斯 —— 著

张之远 —— 译

上海科学技术文献出版社
Shanghai Scientific and Technological Literature Press

谨将此书深情献予

我的妻子米莉·阿尔瓦雷斯

她在本职的心理治疗领域

亦是技艺超群

她是富有同理心的领导者

更是三十年来考察五大洲地质的

最佳伙伴

目 录

前 言

卡尔·齐默

1980 年，加州大学伯克利分校的地质学家沃尔特·阿尔瓦雷斯和他的同事提出：恐龙为一颗撞击地球的小行星所灭绝。那时我只有十四岁，恐龙、小行星和世界末日的大爆炸互相交织，于我有着无法抵抗的吸引力。如今我仍然可以回想起杂志和书籍上那些从上帝视角看到或一只濒死恐龙的惊慌眼神中成形的画面。生命的历史突然间比任何一部科幻电影都更具动感。

凭着运气而非远见，我终是成了一名科学作家。我有幸在 20 世纪 90 年代初开始工作，其时行星撞击地球的故事仍在徐徐揭开它的面纱。在那之前，沃尔特·阿尔瓦雷斯（Walter Alvarez）对我来说只是一页纸上的名字。现在我却可以打电话给他，和他谈谈其他科学家发现的能够支持他这一假说的新证据。这些证据不仅能够证明陨星撞击地球确实发生在白垩纪末期，还找到了撞击地点——尤卡坦半岛海岸一个叫希克苏鲁伯的地方。"它（希克苏鲁伯）将一切信息都拼在了一起。"1991 年，阿尔瓦雷斯高兴地告诉我。我备感荣幸地见证"这个故事"取得了进展——一个直径 100 英里（约 161 千米）的陨星坑在墨西哥湾被发现，这颗陨星的碎片则从太平洋中被打捞上来。

时间到了 1997 年，证据已经足够充分，研究也已经足够深入，阿尔瓦雷斯本人决定在《霸王龙与末日陨星坑》一书中

发布第一手资料。这是一部清楚地记录了伟大的科学探索是如
何完成的书稿：当科学家们注意到一些奇怪的东西，他们便开
始近乎荒谬的假设，然后顽强地花上许多年时间来验证他们的
假设。《霸王龙与末日陨星坑》阐明了一条科学研究方面的重
要原则：爆炸性的发现往往不能单靠某一特定领域的学术研究
取得，而是需要不同学科领域的互相交融、互为印证。如果不
是汇聚了地质年代学、花粉化石到核爆炸等领域专家的共同努
力，那么撞击假说的研究恐怕还不会有什么进展。

不过，直到今天，本书中提到的研究依然有极大的探索空
间。我们这群科学作家有时会给读者留下误导性印象，让他们
以为最新的研究会突然解决深奥的谜团，例如治愈癌症或是发
现生命起源。但事实上，科学不是一罐速溶咖啡，它更像橡木
桶里的葡萄酒，只有在多年熟成之后才会显现出存在的终极意
义。在有些情况下，随着证据的增多，一些科学观点可能会变
得越来越站不住脚，因为反对这些观点的假设变得越来越丰
富，越来越有巧妙的说服力。撞击假说在本书出版之后仍然会
持续发展很长时间。如今，它被公认为是现代地质学和古生物
学史上最伟大的发现之一。可有时，葡萄酒酿好后，会呈现出
意想不到的新风味——阿尔瓦雷斯出版其著作后发生在撞击假
说上的事情就是如此。现在，它的意义已经远不同于第一次被
提出的时候了。

在 20 世纪 70 年代沃尔特·阿尔瓦雷斯和他的父亲路易
斯·阿尔瓦雷斯（Luis Alvarez）首次提出在白垩纪末期发生

了一次猛烈的陨星撞击时，他们面对的最大敌手不是某个人，而是一个概念——均变论（Uniformitarianism）。均变论认为：我们如今所见的地质变化在过去也同样存在，而随着漫长的演化岁月，地质变化造就了如今大部分的地质环境——从高耸入云的群山到深不可测的峡谷。均变论的倡导者经常将其与灾变论（Catastrophism）进行对比：灾变论者认为突然发生的颠覆性事件，如洪水暴发或火山喷发，造就了如今的种种地质特征；与之相反，均变论者认为大地是渐进起伏的，岩石一点点被侵蚀，又一点点形成今天的世界。

均变论在许多地质学家的心里有着牢不可破的地位。原因有很多，其中最重要的是均变论可以很好地解释世界是如何形成的。我们的地球的确古老，却不是静止的。地壳板块每年都会蠕动几英寸，数百万年后它们会慢慢接近，发生碰撞；碳酸钙则溶于雨中并纷纷落到海底，形成大片石灰岩。

一个突发事件——一个我们从未经历过的事件能影响整个地球并拉下一整个地质时期的帷幕，这种想法难免惹人质疑。本书的价值正在于提醒读者曾经此种想法具有争议，而如今，白垩纪末期陨星撞击地球，从而给地球生命带来灾难性影响这一事件在地质记录中留下了最具说服力的证据。2007年，一个天文学家小组甚至确定了撞击的最终源头——大约1.9亿年前小行星带发生的一次碰撞，导致陨星碎片在太阳系四散，最后坠落到地球上。很明显，希克苏鲁伯的撞击并不是什么独一无二的事件。在地球45亿年的历史中，大型小行星和彗星曾多

3

次撞上地球。尽管地球表面会不断变化，但仍然留下了一些撞击的痕迹。迄今所发现的最古老的陨星坑是一个叫作苏阿夫的俄罗斯湖泊，其历史可以追溯至 24 亿年前。较晚的撞击痕迹仍然很鲜明，因而被发现的数量更多。在过去的 7 000 万年里，存在超过 60 个已知的撞击点。在约 20 万年前人类出现之后，撞击也仍在继续发生。大约 5 万年前，一颗陨铁在美国亚利桑那州砸出了一个 1 英里（1.6 千米）宽的陨星坑。在大气中破碎的陨星也让人们知道了它的威力，如 1908 年在俄罗斯西伯利亚通古斯上空爆炸的陨星一度将数百平方英里的森林夷为平地。

4

此类发现引出了一个令人困扰的悖论：既然地球已经被撞击过这么多次，那陨星撞击到底能有多大的灾难性影响？从地质学的角度来看，它们并不比时钟的滴答声更具毁灭性。事实上，地球本身就是由这些大块的岩石和冰形成的。自从我们的星球从大爆炸的碰撞中诞生以来，它经受了数亿年的强力撞击。一颗像火星那么大的小行星可能击中过早期的地球，在碰撞产生的碎块中诞生了月球。此外，地球上较晚形成的海洋很可能就曾被撞击所产生的能量所蒸发过。

撞击不仅可能造成地质上的痕迹，还可能在我们的星球播下生命的种子。彗星和陨星携带着氨基酸和其他的生命构成部分，其中一些生命原始成分或许在穿越地球大气层后幸存下来。近年来，一些科学家甚至提出：撞击可能曾将生物组织从一个星球传送到另一个星球。不久前，这种涉及白垩纪撞击、被称为"胚种论"（Panspermia）的观点被粗暴地驳斥了。可如今看来，这种观点有其合理的成分，尽管并未得到证实。生命可能起源于一个星球，然后被传播到其他星球，又或许陨星撞击造成不同星球都为其交叉"污染"。

在发现希克苏鲁伯的撞击后，许多科学家才开始认真思考陨星撞击在地球生命史上可能扮演的角色。正如在地质学中一样，均变论在进化论中也是一个强有力的思想流派。事实上，正是查尔斯·达尔文早年所受的地质均变论教育帮助他日后发展出进化论观点。达尔文认为，目前生命之所以呈现出其多样性，在很大程度上要归功于我们今天在自然界中看到的物竞天择的法则。自然选择在一代生物中可能只产生微小的影响，但若是作用于数百万代生物，它就能成为一种强大的力量。

20 世纪中期，进化生物学家将达尔文的理论与遗传学和其他生物学理论的新发展相结合，形成了被称为"现代演化综论"（Modern Synthesis）的理论。根据现代演化综论，微不足道的基因突变可以让物种逐渐适应其所处的物质环境。现代演化综论的主要倡导者们对大规模灭绝没有太多话可说；他们认为灭绝是一个渐进过程，因为一些物种能够比其他物种更好地适应缓慢变化着的世界，例如哺乳动物能够更好地适应白垩纪末期逐渐变冷的气候，所以它们得以存活而同时恐龙却灭绝了。

现在的古生物学家已经认识到，白垩纪末期的生命经历过一场强大的灾难，而希克苏鲁伯撞击正为这场灾难提供了绝佳视角。现今有许多证据表明，撞击造成了气候混乱，二氧化碳和硫酸被喷入大气，给地球蒙上了一层阴影。陆地上和海洋中的食物链瓦解，导致一半的物种灭绝。那时的哺乳动物或许能抵御这场灾难，因为它们个头很小，善于食腐。但这种优势只存在于撞击之后的短暂余波中，地球随即又回到了稳定、平衡的状态，然而恐龙已经灭绝，无法再利用这些资源。（严格地说，大多数恐龙已经不在了，而恐龙的一种——鸟类，从那时起反倒不断繁衍生息。）

希克苏鲁伯撞击所造成的惊人影响，让科学家好奇这类撞击是不是地球生命发展史上的一种驱动力——也许是吧。一些人注意到了一些证明地球上的生物每2 600万年就可能因为小行星或彗星的撞击而灭绝一次的证据；其他人则把注意力转向其他大规模灭绝的主要时期，看看是否也是由撞击造成的。如今，科学家普遍认为存在五次大灭绝事件。白垩纪末期的大灭绝，尽管看起来富有戏剧性，但远不是规模最大的一次。大约2.5亿年前，随着二叠纪让位于三叠纪，陆地上约70%的物种和海洋中约95%的物种都灭绝了。除了这五次之外，科学家们还发现了一些其他规模较小的物种灭绝事件。

有研究人员声称已经发现了引发一些大规模物种灭绝的撞击，但至今还没有哪个被科学界广泛接受。事实上，有很多证据表明撞击几乎从未影响过物种灭绝的速度。例如，在2003年，美国国家生态分析与综合中心的约翰·阿尔罗伊（John Alroy）调查了白垩纪结束后发生的所有撞击。然后，他把这些记录与北美洲有记载的哺乳动物化石记录进行了比较，并未发现撞击和物种灭绝的速率有什么联系。虽然阿尔罗伊研究的较小的撞击可能确实对地球影响不大，但其中也有几个50英里（约80千米）甚至更宽的陨星坑，可阿尔罗伊仍无法将这些撞击与地球上的重大生态灾难联系起来。同样，除了白垩纪末期的第五次生物大灭绝，没有发现确凿的证据表明撞击与灭绝二者之间存在必然的联系。

至少到目前为止，希克苏鲁伯是独一无二的。为什么它具有如此破坏性，而其他的撞击没有呢？首先，它特别大，形成了地球上迄今发现的第三大陨星坑；其次，也可能是因为它碰巧撞上了地球上一个特别的地方——一处满是石灰石的浅海湾，撞击之后引发了非常严重的污染。

然而，即使撞击并没有对生命进程产生摧枯拉朽的影响，古生物学家仍然从对希克苏鲁伯撞击的研究中学到了重要一课：它使他们注意到大灭绝在生命史中的潜在重要性。古生物学家彼得·沃德（Peter Ward）于2007年出版的《在绿色的天空下》（*Under a Green Sky*）一书中讲述了阿尔瓦雷斯和他的同事们所从事的工作是如何激励自己将研究生物大灭绝当作自己的事业。沃德在二十五年的研究中得出结论：撞击可能不是导致生物大灭绝的主因，其他类型的突发灾难才是。然而，那些灾难并非来自太空，而来自我们的地球内部。

再让我们思索一下2.5亿年前二叠纪到三叠纪的生物灭绝。今日有数条线索表明，一系列复杂事件引发了此次灭绝，而连锁反应始于西伯利亚大量岩浆的汹涌喷出。这些所谓的泛流玄武岩内部携带包括能捕获热量的二氧化碳和甲烷等地下气体，导致地球的大气层和海洋表层迅速变暖。高温使全球的生态系统遭受到了前所未有的压力。与此同时，二氧化碳渗入海洋中而使海水酸化。

这次全球变暖实际上只是全面灾难的前奏。海洋将氧气运到深处的循环系统由于海水升温而被减慢，继而导致深海的环境有利于一种奇怪的微生物生存。这种微生物被称为硫酸盐还原菌，能释放出硫化氢——一种恶臭的分子，有时被人称为下水道气体。这种有毒气体上升到大气中，能够对动植物造成伤害，甚至可以破坏臭氧层。来自太阳的有害紫外辐射借机直达地面，对海洋中的植物和光合作用生物造成损害，连带它们支持着的庞大食物网也受到影响。沃德把 2.5 亿年前的地球想象成一个无比怪诞的地方——玻璃般的紫色海洋释出有毒的气泡，上升到淡绿色的天空。虽然这一系列事件的证据对于佐证二叠纪到三叠纪的生物灭绝是最为有力的，但沃德也指出：来自其他九次大规模生物灭绝的证据也有与此次灭绝事件的机制相一致的机制。如果他的观点是对的，那么我们要提高警惕，高度预防地球可能随时准备再对它曾经养育过的生物释放其毁灭之力。

希克苏鲁伯的意义不仅在于提供与过去的大灭绝有关的线索，更促使科学家认真思考如何从遥远的过去中寻找经验，来帮助人类了解潜在的威胁。天文学家意识到，地球是太阳系的组成部分，而这个大家庭中挤满了令人不安的活跃小行星。虽然其中很少有能与 6 500 万年前撞击地球的 10 英里（约 16 千米）宽巨岩相媲美，但较小的小行星能给地球带来的灾难性影响足以成为人们担心的原因。虽说一个近地天体的撞击也许不会导致全人类的灭绝，但它足以毁灭一两个城市，严重阻碍人类的文明进程。它可能会扬起灰尘、引发大规模森林火灾，给地球蒙上一层阴影，从而导致农作物在数年内歉收。今天，天文学家正试图找出对地球构成危险的小行星轨道，开发新手段识别可能会与地球碰撞的小行星。如果我们真的发现了这样一颗小行星，会做出什么样的反应还是一个未知数，但已有使小行星轨道偏离地球的想法浮现。

一些科学家还警告说：若人类发动核战争，那么即使没有任何外来天灾的影响，同样也将让自己的文明陷入黑暗之中。20 世纪 80 年代初，当沃尔特·阿尔瓦雷斯和他的同事首次发表他们的撞击假说时，美国和苏联之间的核战争似乎是一个非常现实的风险。科学家们开始意识到，这样一场战争能导致长期的生态灾难。森林大火产生的烟尘会被扬至大气层，遮挡住太阳，形成一种被称为核冬天的状态。来自希克苏鲁伯撞击的警告似乎很明确：如果人类自己创造出此般浩劫，那么我们很可能会步恐龙的后尘。

今时今日，美国和俄罗斯之间爆发大规模核战争的威胁似乎变得不太可能，但其他国家对核武器的开发，增加了区域性核战争的可能性。2007 年 3 月，科学家创建了一个小型核战争模型。他们发现，虽然核战争也许不会造成全面核冬天，但它仍然会使天空变暗，致使农作物减产，亦足以引发大饥荒。

气候科学家现在还认识到另一个危险：我们仅在 2006 年就释放了 110 亿吨捕热的二氧化碳。在过去的一个世纪里，燃烧化石燃料和其他人类活动使整个世界变暖，这是全世界的科学家达成的普遍共识。在未来的几个世纪里，它们将使世界的温度继续升高。这种影响可能不像核战争或是来自太空的撞击那样瞬间产生，可正如乔纳森·韦纳（Jonathan Weiner）在他 1990 年出版的《未来一百年》（*The Next Hundred Years*）一书中所指出的：从地质角度而言，我们正在引爆一枚碳弹——二氧化碳在大气中累积的速度远远快于数百万年来的任何时段。

气候科学家把大部分注意力集中于这些额外产生的二氧化碳给地球所造成的直接影响。他们研究了世界不同地区的气温将如何升高，已经着手研究气候变暖将如何改变天气模式，例如可能带来更多的飓风和干旱。他们已经计算出海平面可能会因海洋的扩张和河流流量的增加而升高多少。直到最近几年，他们才发现全球变暖可能带来更具灾难性的变化。格陵兰岛或南极洲的部分冰盖有可能（但非绝对）崩塌并突然滑入海洋，造成毁灭性的海平面上升。一些科学家警告说，全球变暖也许会释放出新的引发温室效应的气体，比如现在还被封在冻结泥炭中的甲烷，也会使气温升高，且远远高于目前理论上可参考的水平。二氧化碳甚至正在渗透到海洋中，导致海水酸化，而使一些甲壳动物和珊瑚无法生长。

全球变暖是否会引发硫酸盐还原菌的大量繁殖而产生致命的下水道气体云？科学家在进行有效的猜测之前还需要去了解很多东西。然而，地球生命发展史告诉我们，我们必须认真对待潜在的极端风险。在地球历史上发生过许多奇怪的事情，而我们人类没有应对的经验，或者说暂时还没有。

10

序 章

这是关于地球历史上某个可怕日子的故事。我们一无所知地来到这个世界，一切事物在我们到来之前就早已存在。随着成长，我们逐渐开始了解过去发生的事情。我们从父母和亲戚那里听说自己家族的往事，在书中读到人类的历史。但这颗星球的存在时间远比我们要长，既没有目击证人，也没有绝对可靠的记录可以告诉我们地球曾经上演过的一切。

然而，我们还是可以学到很多有关地球历史的知识，因为这些历史被记录在了岩石中。地质学家和古生物学家也是解码这些记录的地球史学家，他们检阅偏远地区暴露在地表外的岩石所记录的信息，并带回样品在实验室进一步分析。地质学家和古生物学家通过观察、测量和解析在岩石中保存了千百万年的信息，一点点拼凑出对地球历史的认知，最终追溯到46亿年前的那个起点。

过去是什么样的？地球的历史是一部充满动荡、灾难和暴力的编年史吗？又或者我们的星球只是经历了庄重、安静、渐进演变的过程？早期研究地球的人基本上都是灾变论者，但随着地质学发展得愈发成熟，地质学家发现：各种地质特征，甚至像阿尔卑斯山脉和大峡谷此类惊人的存在，对它们起源的最好解释是地球历史的漫长时间中发生的缓慢、渐进的变化。因此，许多地质学家接受了均变论，将其作为他们在岩石记录中所看到的一切的恰当解释，并且决定回避灾变论的概念。

而到了现在，诞生了一个不那么局限的观念，它融合了均变论和灾变论，让二者不再相互排斥。地质学家继续地球上大多数变化都是缓慢进行的观点，但新的认知是，在少数情况下，地球遭受了巨大的灾难，而这些灾难完全改变了随后的发展方向。

这本书讲述了地球历史学家如何发现了地球过去的一场大灾难的证据——6 500万年前从外太空坠落的巨石的撞击在墨西哥尤卡坦半岛砸出一个巨大的陨星坑，并对环境造成恶劣影响，使得各种各样的动植物永远消亡。这场大灾难中最著名的受害者就是大型食肉恐龙霸王龙。

尽管6 500万年的时间让这件事看起来遥不可及，但撞击和关于大灭绝的故事却是精彩而震撼人心的。与这一事件同样伟大的，是地球历史学家如何发现撞击留存于岩石中的记录并学会去检阅和解析这些证据。这是一个讲述一小群地质学家勇于挑战在学术界长期以来被奉为真理、被其他地质学家坚定捍卫的传统观点的故事，讲述他们之间的矛盾和友谊、讲述他们如何在遥远的地方冒险、讲述他们在实验室里艰苦地测量、讲述神秘的事物和探索发现的故事，以及来自许多国家的科学家如何为了解决一个引人深思的谜团而共同努力。

这也是地质学和其他研究地球的学科如何作为成熟的学科呈现于世的故事，其特点在于它们固有的跨学科属性、研究课题的复杂性以及为了实现了解地球历史的终极目的而希望完成从还原主义科学到整体主义科学间的飞跃。20世纪以来，通过运用物理学和化学以及最近出现的分子生物学，科学家可将一个问题简化为若干个基本组成部分并对这些部分各自进行独立研究，这样的分析方法让科学家们在理解自然方面取得了巨大进步。在21世纪，科学将有能力开始把各个部分重新组合在一起，以寻求对自然综合的或整体层面上的理解。地球科学本质上是一门综合性科学，因此在引领针对这一目标的发展方面独具优势。关于大碰撞和大灭绝的研究将会详细地说明这一点。

我很荣幸从第一次发现恐龙灭绝时发生过陨星撞击的证据起就开始参与这场冒险。在最初十年左右的时间里，许多科学家发现了越来越多的证据来证明这场撞击确实发生过，但所有寻找陨星坑的努力都白费了。最后，在1991年，那个让人们寻找了很久的陨星坑终于被发现，它被埋在尤卡坦半岛的下面。

在我们充分了解6 500万年前发生的灾难性撞击之前，还有很多研究要做。但对陨星坑的发现是一个转折点，现在的时机正适合讲述如何发现它的故事。在这样做的过程中，我试图让任何对科学有兴趣的人都能读懂这本书。此外，通过写下大量的注释和参考文献，我试图使这本书变成一本有用的工具书，成为那些希望更深入研究这些问题的读者的一个有用起点。

读者在阅读中必会发现我对许多科学家的感激之情，其中我尤其感谢路易斯·W.阿尔瓦雷兹、弗兰克·阿萨罗（Frank Asaro）、阿尔弗雷德·G.费舍尔（Alfred G. Fischer）、威廉·劳里（William Lowrie）、理查德·A.穆勒（Richard A. Muller）、尤金·M.休梅克（Eugene M. Shoemaker）和扬·

斯密特（Jan Smit），以及我相识多年的学生和博士后研究人员组成的地质学复兴小组。

有几个人对书稿的评价帮了我大忙，特别是米莉·阿尔瓦雷斯（Milly Alvarez）、弗兰克·阿萨罗、卡罗尔·克里斯特（Carol Christ）、菲利普·克拉埃（Phillipe Claeys）、丹·卡尔纳（Dan Karner）、鲁迪·萨尔策（Rudy Saltzer）和吉恩·休梅克。最严厉和最详细的评价来自理查德·穆勒，他尽到了超越友谊的责任，帮助我改进了这本书的结构，并打磨了其中的粗陋之处。一只恐龙近距离目睹整个撞击事件发生的全过程，恐龙的眼里呈现的是怎样的惊恐模样？我的艺术家朋友文森特·佩雷斯在同我仔细讨论之后画出了护封的图片。

我很高兴能与普林斯顿大学出版社的指导教授阿尔弗雷德·G. 费舍尔合作。前任《科学》杂志编辑爱德华·坦纳（现在是一位畅销书作家）多年前就开始和我谈论写一本书的事宜。现任《科学》杂志编辑杰克·雷普切克最终说服我写下了关于大碰撞的故事，并巧妙地引导着整个项目的完成。

《霸王龙和末日陨星坑》的付梓伴随着我对以下人群的诚挚谢意：首先感谢我在关于大灭绝的辩论中遇到的持各方立场的科学家同事，他们让这件事成为我能想象到的最激动人心的智力冒险；其次感谢加利福尼亚州的公民们，他们雇用我在他们伟大的大学里教他们的孩子地质学；最后，感谢我国的人民，他们通过美国国家科学基金会和美国国家航空航天局等机构，用税收支持美国的科研事业，我希望他们能从这个关于探索和发现的故事中得到乐趣。

4

第一章

世界末日

太迟了！就在那一刻，岩石在他们脚下开始颤动，前所未有的巨大闷响穿过大地，在山谷间回荡，一道灼热的红光突然间射出，穿过东方的群山直入天空，将血红色四溅在低垂的云朵上。 在那点缀着苍白冷光的阴暗山谷里，它强烈得让人难以忍受。 在戈尔戈罗斯熊熊烈火的映衬下，石峰和山脊如同一把把刀锋一般耸立着。 紧接着传来一声巨大的雷响。

——托尔金《魔戒》

失落世界的镇魂曲

让我们试着想象一个不同的世界——一个不同于我们所生活的世界，但又并非截然不同，像科幻小说中那些发生在没有空气的行星或巨大的宇宙飞船上的故事。我们寻找的是一个和我们的世界很像，但又不尽相同的世界。托尔金在《魔戒》中就描述了这样一个世界，有和我们的世界一样的山脉、沼泽和平原，但地理结构不完全相同。它很像欧洲，但存在一些差异。托尔金描写的"中土第三纪元"中有人类和马这样熟悉的存在，但我们熟知的其他生物（如狗和猫）却不见了。中土世界也有我们不熟悉的生物——矮人、精灵、巫师和霍比特人。这个世界被一种叫作兽人的拥有尖牙利爪的残忍地精蒙上了一层恐怖气息。托尔金的世界似乎很古老，也许它会是我们世界以外的另一种可能性。

本书寻找的世界或许会让人想起托尔金的中土世界。这个世界中也有山、沙漠、森林和海洋，它的地理结构类似于我们如今生存的地球，但又有显著不同。它也有河流和峡谷、高原和沙丘。山间会下暴雨，风雨过后晴朗的空气中闪耀的太阳缓缓落下。那儿的有些生物看起来很眼熟，虽然和我们认识的那些不完全一样。常绿树和落叶树遮天蔽日，溪流中有无数的鱼。但是地面上没有草，许多动物看起来也与我们所知的那些动物不一样。毛茸茸的小动物可以认为是哺乳动物，但也有一些巨大的生物，或平静地吃草，或四处狩猎，它们的爪子则与中土世界的兽人一样可怕。

这个世界不同于我们的世界，但通过博物馆的重建，以及绘画和电影，它能够变得让人熟悉。因为这不是中土第三纪元，而是中生代第三纪。地质学家用"中生代"这个术语来指称恐龙的时代。中生代的第三个时期是白垩纪，在它之前是三叠纪和侏罗纪。

更准确地说，我们此刻想象的世界是6 500万年前白垩纪的末期。它是现代世界的先祖。那时的地理环境虽然与现在不同，但已经非常相似，因为大陆漂移已经使地球上的陆地板块移动到了今天的位置，只是还没有完全排列完成。印度板块还没有与欧亚板块相撞，喜马拉雅山故而还未形成，但北美洲西部已经有山脉存在。那时，海平面比现在要高，北美洲部分内陆仍由浅海覆盖。

这个世界不仅是当今世界的先祖，在某种意义上也是当今世界的平行宇宙。因为它本是一个稳定的世界：哪怕食肉恐龙总在进行着残暴的捕猎，霸王龙和三角龙之间经常发生精彩的战斗。何况在过去的一亿五千年之间，生物本身以及它们的生活方式变化得非常缓慢。恐龙是进化得非常成功的大型动物，与同样成功的小型动物、各种各样的植物分享着这个世界。我们有充分的理由相信，只要保持这种状态，中生代世界就可能会持续存在下去，最终恐龙稍有进化的后代则将在这个人类从

3

未出现过的星球成为统治者。

然而，中生代的世界并没能保持既往的平静，它在 6 500 万年前毫无征兆地戛然而止。大量进化得非常成功的动植物种瞬间在大规模灭绝中消失，没有留下后裔。生命史上的这一剧变令人印象深刻，地质学家因而用它来作为白垩纪（中生代最后一个纪）与第三纪（新生代第一个纪）之间的界线。今天的世界上居住的是白垩纪大灭绝中幸存者的后代。

回顾我们与白垩纪之间间隔的时间深渊，我们多多少少会怀念这个消失已久的世界，一个有着自己的节奏和平衡的世界。当我们想到生存其间的动植物时，我们会感到一种特别的惋惜，因为白垩纪的大多数动植物都已经无可挽回地消失了。当我们想象在那个时代的最后一个傍晚，太阳于西方的海面落下，将云彩染得五彩斑斓，我们甚至可能感到些许悲哀。因为白垩纪的世界已经一去不复返了，而它的结局如此突然而可怕。

厄运降临

厄运以巨大的彗星或小行星的形式从天而降，时至今日，我们仍然不确定它到底是哪一种。它大概 10 千米宽，每秒行进几十千米，其动能相当于一亿颗氢弹的破坏力。如果那是小行星的话，它会是一块惰性的、布满陨星坑的岩石，黑暗而险恶，直到撞击前的最后一刻才会被发现。如果它是彗星，那会是一团肮脏的冰球，喷出被太阳的热量蒸发的气体，以闪烁的彗核和明亮的彗发宣布即将降临的末日：划过半边天空，照亮夜晚，甚至在末日临近前的白日也能看到。让我们把它当作一颗彗星（不过要记住它也可能是一颗小行星）。彗星在过去被人类迷信地认为是厄运的前兆，预示着饥荒、瘟疫和毁灭。尽管在 6 500 万年前没有人类见证过这颗巨大彗星的降临，但那一次，它确实昭示着灾难。

太阳系中有大量的彗星和小行星，有些甚至比 6 500 万年前接近地球的那一颗还要大。大多数小行星位于火星和木星之间的一条小行星带中，大多数彗星则沿着轨道绕太阳运行。偶尔，小行星的运行轨道会受到木星引力的影响，而彗星的轨道则可能被路过星体的引力改变。其中一些小行星或彗星的轨道被动地移动到了与地球轨道相交的位置上。当这样一个物体的轨道与地球的轨道相交，地球又正好处在交叉点时，就会发生撞击。每当你看到一颗流星掠过夜空，就说明上述情况正在发生。流星的光带是彗星或小行星的微小碎片在地球大气中因摩擦燃烧而形成的。有些更大的个体，体积太大而无法在大气中完全燃烧，但是速度又减慢到足以承受它们与地球表面的撞击并"幸存"下来。这些天体便是那些陈列在博物馆里的陨星，它们被那些对外太空岩石感兴趣的地质学家所关注和研究。①

———————————

① 陨星是从太空落下的碎片，有些甚至可以在地面上捡到。通常很难判断陨星是来自小行星还是彗星。

在太阳系的早期历史中，强烈的撞击也会发生，而且相当频繁，月球表面所布满的古老陨星坑就是最好的见证。由于早期太阳系中存在的大量碎片已经被其他行星所吞噬，因而大型彗星和小行星撞击地球的现象很少见。况且地球是一个非常小的目标，所以很少发生大碰撞。地球到底有多小？在日落后，看看此时作为"暮星"的金星就知道了。金星和地球一样大，但从我们的位置看它，它却非常小。哪怕金星很亮，在宇宙中也是一个非常难以击中的目标。

因此，地球是相当安全的，巨大的彗星和小行星很少进入太阳系内部，即使那些进来的也不太可能撞到像地球这样小的东西。那么，我们可以想象一下：6 500 万年前的巨大彗星在几个世纪或几千年的时间里一次又一次地靠近地球，因为它绕着太阳运行，有时离地球很远，有时离地球很近，近到在地球的夜空中可见其壮观的景象。在地球历史上，像这样的一系列撞击未遂事件时有发生，但通常彗星最后撞上的是太阳或其他行星，甚至被甩出了太阳系。然而，在这一特殊情况下，有一段时间彗星的轨道与地球的轨道相交，就在两者都靠近交点时，撞击已经不可避免。彗星的撞击目标是北美洲南部的浅海和沿海平原，即如今墨西哥的尤卡坦半岛。

破坏程度

即使现在人们也很难理解这场碰撞发生的影响，因为这样的极端事件远远超出了我们的经验范围，对于没有这样的经验，我们理应感到庆幸。我们可以写出一个直径约 10 千米的物体①以大约 30 千米/秒的速度撞击地球时所引发灾难的理论数据②，但这些理论只有在我们试图将其具象化或进行类比以帮助我们理解时才有意义。我们怎么想象得出来一颗直径 10 千米的彗星撞击地球呢？它的横截面与旧金山相当。如果它被轻轻地放在地球表面，那它也要比海拔不到 9 千米的珠穆朗玛峰还要高。它的体积与美国所有建筑物的总和相当。从结构上来看它不过是一块大石头或者一个大冰球，但体量却完全不是我们能够轻易理解的。

7

　　把它变成毁灭性武器的是那 30 千米/秒的速度。人们估算的撞击速度是高速公路上汽车的 1 000 倍，是喷气式客机的 150 倍，差不多比岩石中的地震波快 6 倍。当碰撞以如此高的

----

① 关于如何计算撞击天体直径的解释，参见约翰·哈特的著作《假想一头球形奶牛》（*Consider a Spherical Cow*）。

② 撞击的速度至少要达到 11 千米/秒——超过地球的逃逸速度，火箭也必须达到这个速度才能摆脱地球的引力。因此，它也是任何落在地球上的物体所拥有的最小速度。但是小行星和彗星有自身的初始速度，会以超过 11 千米/秒的速度撞击地球。一颗小行星，从离我们很近的地方——例如在火星和木星之间出发，以与地球相同的方向绕太阳运行，撞击速度大约为 20 千米/秒。一颗彗星，从太阳系最外层边缘坠落，可能以与地球相反的方向绕太阳运行，正面撞击地球，撞击速度高达 70—80 千米/秒。从 20 千米/秒到 80 千米/秒，速度上 4 倍的差异将转化为 16 倍的动能释放差异，因为动能与速度的平方有关（K.E. = $mv^2/2$）。由于我们不知道撞击天体是小行星还是彗星，撞击速度仍然不确定，撞击能量同理。本书使用的 30 千米/秒的撞击速度是作为可能速度范围的中间值而选择的。

速度发生时，任何"经验"都是无用的，而且撞击物的岩石材质和我们普遍认知的也不太一样。事实上，冲击波会在岩石中产生一种音爆。音爆对相撞的陨星和岩石造成极为强烈的碾碎和挤压，以至于在冲击结束后，失去压力的岩石会飞散或融化，甚至气化。岩石瞬间升华成蒸气的概念大概能够帮助人们感受到撞击是何等非同寻常的剧烈。

如今科学家们会第一时间了解接近地球的星体具有的能量，因为能量是自然界的"货币"，是衡量一个动态物体带来变化的能力的标准。[①]大自然有一种自动运行的"记账"系统来转移能量。我们在考虑撞击的各种损害时，要充分地把彗星的动能计算进去。当我们自行模拟这一"记账"系统时，我们会发现彗星在撞击前的动能相当于一亿吨 TNT 炸药爆炸，足以在 1 秒左右将彗星气化，同时在地面上炸出一个 40 千米深但会很快坍塌成宽而浅、直径可达 150—200 千米的陨星坑。要了解这种能量的强度，只要记住：一枚大型氢弹的当量约等于 100 万吨 TNT 炸药，而冷战高峰期世界上核武库的氢弹总量约为 10 000 枚。因此，这颗终结了白垩纪的彗星，其 10^8 百万吨级的撞击相当于世界上整个核武库爆炸的 10 000 倍（尽管撞击爆炸并不同于核爆）。

话题回到这颗 10 千米宽的彗星上。当它以 30 千米/秒的

---

① 彼得·阿特金斯在他的著作《第二定律》（*The Second Law*）中对自然的能量定律进行了清晰和深思熟虑的介绍。

速度撞击时，让我们尝试感觉一下这件事发生的速度有多快。客机大约在海拔 10 千米的高度飞行。想象一下，如果一架飞机不幸地挡住了即将到来的彗星。一瞬间，飞机就会像虫子一样被冲向地面的星体砸碎。三分之一秒后，彗星的前端裹携着飞机微不足道的残骸，撞击地面，产生一道刺眼的闪光，并在彗星内部和地面上引发冲击波。再过三分之一秒，其尾部也会砸到地上。飞机损毁后的一两秒钟，地面上就会出现一个巨大的、不断扩张的、炽热的坑和一个由气化的岩石构成的不断膨胀的大火球。爆炸喷出的碎片将会破坏大气，向全球各地飞散。地球将在比你读完这段话更短的时间内遭到史无前例的破坏。

现在，我们已经对终结白垩纪世界的毁灭性撞击有了一定认识，接下来你将看到我们目前对所发生事情的不完美解读。

撞击的瞬间

6 500 万年前，当彗星接近地球时，首先遇到的是地表上方数万千米处稀薄的空气。大约 95% 的大气位于离地表 30 千米以内的高度，所以根据彗星接近地表的速度和角度，只需一两秒的时间就可以穿透大部分大气。彗星前方的空气无法逃逸，便会被猛烈压缩，产生地球上有史以来最大的音爆。压缩会使空气瞬间升温至比太阳的温度高 4—5 倍的程度，而在彗星穿过大气层的一秒内发出灼目的闪光。

在彗星与地球表面（如今尤卡坦半岛的所在）接触的瞬间，两道冲击波被触发。一道冲击波向前冲进基岩，穿过地表三千米厚的石灰岩层，进入下方的花岗岩地壳。震波经过基岩时粉碎了所有裂缝和孔隙，破坏了矿物有序的晶体结构。

与此同时，第二道冲击波向后作用于彗星，未及传递至彗星的背面，就将彗星的后缘撕裂分离。在撞击发生的第二秒左右，彗星就不再是一个球体了。随着巨大的冲力向前推进，彗星穿透了尤卡坦半岛的基岩深处，形成了一个巨大的陨星坑并在不断扩大的陨星坑的内部创造了一层炽热的覆盖层。但是，陨星坑内部的覆盖层没有保持超过一分钟，就和大部分岩石一起蒸发掉了。

当快速气化的彗星残骸落入不断扩大的陨星坑时，冲击波折回到表面，导致熔化的块状物和地面岩石的固体碎片沿着高高的拱形轨迹向上和向外喷射，穿透了大气层薄薄的外缘。它们在陨星坑周围几百千米的范围内形成了一个巨大的喷射层。

即使这样也没有耗尽这颗彗星的能量。爆炸中心产生的巨大岩石气化云被自身的热量和压力向外驱赶而形成一个巨大的火球。与之相比，原子弹爆炸的威力是极小的。原子弹产生的热气体火球直径约为 1 千米，闪耀着向外飞去，直到无法进一步抵御大气压力，上升到海拔 10 千米的地方扩散成蘑菇云。撞击尤卡坦半岛所产生的巨大无比的火球则穿透了空气，直接冲破了大气层，膨胀着加速冲入太空，继而将岩石碎块发射到地球轨道上。它们在坠落回地面之前沿着轨道飞行至离撞击点很远的地球上空。

这场盛大的"烟火秀"还在继续。就在第一个灼热的火球被吹到外太空之后，紧随其后的就是第二个，虽然没有那么热，但几乎同样令人震撼。在尤卡坦半岛距离地表约 3 千米处，覆盖着一层厚厚的石灰岩。石灰岩是大自然把二氧化碳和钙结合在一起，固定二氧化碳的方式。突然受到巨大冲击导致石灰岩释放出其存储的二氧化碳。在如此强烈的撞击下，这些气体几乎是被瞬间释放，仿佛打开了一瓶巨大的香槟。在第二次爆炸产生的气体火球中，还有更多的岩石碎片被带到了高空，也同样穿透大气层进入了外太空。

与此同时，不断扩大的陨星坑已经达到了约 40 千米的最大深度。这个半球形的陨星坑太深了，以至于地壳中相对较脆弱的岩石无法支撑它，因而其中心开始上升，可同时它的宽度仍在继续扩大。当它陡峭的外壁在强烈的山体滑坡中崩塌时，位于花岗岩地壳下、地幔深处的岩石在被冲击波穿过后开始反弹并越来越快地上升，最终形成一个中央峰顶，就像月球上许多陨星坑中形成的山峰那样。尤卡坦陨星坑中环形山的中央峰顶又大又高，并且向下倾斜，形成一圈环形的山脊，在地面上留下了一个类似牛眼的图案，标明了这场灾难的发生地点。

11

毁灭之环

在基岩熔化或气化的区域里，没有任何生物能够存活。即使在距离爆炸中心几百千米远的地方，生态的毁灭也是彻彻底底的。被压缩的空气与火球的强光杀死了细菌和微生物，冲击波压碎了岩石内的孔洞和裂缝，再加上喷射出的碎片的轰炸，在这个中心区域几乎没有任何生命能够活下来。

在几千千米之外那些如今是墨西哥和美国的地区，尤卡坦撞击发出了短而迅速的灾变预警。生活在地面上的动物们首先看到的是天空中一道闪光，紧接着是最后一瞬间的平静。然后，大地开始在震波中不断地摇晃，天空则成了致命的杀手。自微光闪烁开始，天空逐渐变为红色，进入白炽状态，越来越亮，越来越热。很快，地球表面变成了一个巨大的熔炉，燃烧，灼烧，最终烧死了所有的树和所有未及躲在岩石下或洞里的动物。这种可怕的现象是由于撞击产生的碎片和残渣被射入太空而产生的，它们很快落回了地球，重新穿过大气层，因与空气的摩擦而升温，并以红外线的形式将热量传送到地球上。[1]只有那些碰巧被厚重的风暴云遮挡的地方才能险险避开这种致命的高温。成

---

[1] Melosh, H. J., Schneider, N. M., Zahnle, K. J., and Latham, D., 1990, Ignition of global wildfires at the Cretaceous/Tertiary boundary: Nature, v. 343, p. 251 - 254.

片的森林被点燃，野火席卷大地，覆盖了整块大陆。几乎没有喷出的碎片和残渣重新落回地表，一段时间后，炽热的天空终于恢复了正常。然而，林木燃烧产生的浓烟继续吞没剩余的森林，并从大气中夺走氧气，天空被烟尘熏得漆黑一片。①

就在森林被点燃的时候，墨西哥湾沿岸又出现了另一副可怕的景象。撞击发生在海湾两岸的浅水区和沿海平原，但地震的震动、地震波引发的海底滑坡以及溅落的碎片与残渣对海湾深处的水域形成了巨大的扰乱。这导致了一场猛烈的海啸②，伴随着 1 千米高的巨浪以惊人的速度朝外部扩散，席卷了墨西哥湾。平日里的风浪不可能影响到墨西哥湾的深海海底，那里可谓地球上最平静、最宁和的地方。但是这场撞击引发的海啸是如此强大，以至于它直接横扫了墨西哥湾的底部，在海床的沉积物中挖出了一道道沟渠，把海底沉积物与刚刚落下的碎片和残渣混合在了一起。当海啸逼近佛罗里达和墨西哥湾沿岸的浅水区时，海水被推到越来越高的地方，最终形成一道水墙，高高耸立在海岸线之上。当海水冲上海岸时，不仅毁坏了残留的森林，而且剧烈地撼动了大陆边缘，引发了山体滑坡，使得大量泥沙流入深海之中，掩埋了刚刚落进海底的撞击碎片和残渣。

---

① Wolbach, W. S., Gilmour, I., Anders, E., Orth, C. J., and Brooks R. R., 1988, Global fire at the Cretaceous-Tertiary boundary: Nature, v. 334, p. 665 - 669.

② Bourgeois, J., Hansen, T. A., Wiberg, P. L., and Kauffman, E. G., 1988, A tsB., unami deposit at the Cretaceous-Tertiary boundary in Texas: Science, v. 241, p. 567 - 570.

在撞击发生后的几个小时内，位于如今墨西哥和美国的大部分地区不可避免地沦为一片焦土，因为它们遭受了最可怕、最强烈的破坏。就在前一天，或许这些地方还是成片的肥沃土地，到处是各种各样的动植物。可现在，这里成了一个广阔而灼热的炼狱，被滚滚浓烟覆盖。

离尤卡坦半岛更远的地方，撞击的影响就不那么强烈了。大海啸主要局限于封闭的墨西哥湾，无法企及亚洲、非洲或欧洲。喷出的碎片和残渣在世界各地纷纷落下，但距离撞击点越远，飞过去的东西也越少，因而引发的火焰风暴的强度可能远不如北美洲。与接近撞击点的死亡区域不同，与之相距甚远的那些大陆可能暂时逃过了尤卡坦撞击的直接影响。在这些遥远的地方，撞击的次生影响将会让悲剧缓慢地上演。

世界变了

尽管撞击在周边地区的直接影响非常可怕，但它本身不会使所有的动植物灭绝，因为距离撞击点较远的幸存者将在未来几年重新聚集到受灾地区并开始繁殖。然而，这次撞击之后确实发生过一场大灭绝。我们现在已经意识到，这次撞击的次级影响导致了一些长期性的全球灾难。让我们按出现顺序回顾一下这些灾难。

在撞击发生后的几天内，直接的影响就逐渐结束了。大火熄灭了，海啸针对墨西哥湾沿岸的核心力量已然耗尽，狂风正在平息。但是地球却开始变得黑暗而寒冷。火球内大量的细微粉尘通过爆炸进入了大气层，现在它们正在世界各地的高层大气中向下沉降，遮住了阳光。地面变得伸手不见五指。这样的黑暗和随之而来的寒冷可能持续了好几个月，直到粉尘最终沉降到地面上才结束。[①]

在光线回来之后，气候却又走向了另一个极端。两种温室气体——水蒸气和二氧化碳从撞击点大量释放。水蒸气可能很快就化为雨水从大气中被清除，雨水则冲走了粉尘。二氧化碳只能缓慢地从空气中消除，可这时它吸收了来自太阳的热量，使气温上升到非常炎热的程度。大概过了几千年，大气中的二氧化碳水平才恢复到正常。

大气中不仅有水和灰尘降下，而且还下了一场毁灭性的酸雨。[②]酸雨的一部分可能是来自尤卡坦半岛石灰岩夹层间硫酸钙沉积岩中的硫酸，但大部分是来源于大气本身的硝酸。我们呼吸的空气中约有 20% 是氧气，其余大部分是氮气。通常，它

①　Toon, O. B., Pollack, J. Ackerman, T. P., Turco, R. P., McKay, C. P., and Liu, M. S., 1982, Evolution of an impact-generated dust cloud and its effects on the atmosphere: Geological Society of America Special Paper, v. 190, p. 187 – 200.

②　Lewis, J. S., Watkins, G. H., Hartman, H., and Prinn, R. G., 1982, Chemical consequences of major impact events on Earth: Geological Society of America Special Paper, v. 190, p. 215 – 221; Pope, K. O., Baines, K. H., Ocampo, A. C., and Ivanov, B. A., 1994, Impact winter and the Cretaceous/Tertiary extinctions: results of a Chicxulub asteroid impact model: Earth and Planetary Science Letters, v. 128, p. 719 – 725.

们以氧气分子（O_2）和氮气分子（N_2）的形式出现。氮原子可用以构造出非常稳定、紧密结合在一起的分子。只有当空气被剧烈加热时，氮气分子才会被分解，使得一些氮与氧结合为一氧化氮分子（NO）。在撞击中，当空气被冲击波、火球和重新落入大气层的碎片摩擦时，上述的情况就发生了，形成了大量的一氧化氮。它再与大气中的氧气和水蒸气反应形成硝酸（HNO_3），之后从天而降，杀死生物，溶解岩石。

整个世界先是经历了寒冷与黑暗，然后又遭受了致命的高温，再接着被酸和烟尘毒害。这就是尤卡坦撞击的全球性影响，很难相信有什么生物能在这场大灾变中幸存下来。然而，确实存在一些幸存者，如今它们的后代仍遍布全球。

受害者、幸存者和后裔

当撞击造成的物理破坏逐渐消退时，地球的生物圈已经彻底地改变了。成群的动植物永远消失了，再也看不到了。据估计，在撞击发生那一刻活着的生物有一半都灭绝了。这就是我们所知道的地球历史上发生的五次大规模生物灭绝事件之一。很难明确具体是什么原因导致了特定植物或动物的集体灭绝。虽说我们已经做出了一些合理的推论，但它更可能永远都是个谜。不过，如果不追究原因，只是列出一份受害者和幸存者的名单的话，那可容易多了。

　　显然，最有名的受害者是恐龙。霸王龙和其他大型食肉恐龙以及各种食草恐龙，还有它们的亲戚（如潜游的沧龙和翱翔的翼龙），全都灭绝了。大多数古生物学家认为，现代的鸟类与恐龙有着非常密切的生物学关联。从这个意义上说，恐龙确实在白垩纪末幸存了下来。[①]可最近发现的化石显示，当时的鸟类也几乎灭绝了。[②]

　　恐龙的消失或许与它们在食物链中的位置有关。食草恐龙吃植被，而食肉恐龙吃食草恐龙，也许也吃小型哺乳动物。在那寒冷而黑暗的几个月里，空气中弥漫的灰尘导致植物枯萎，食草动物会就此饿死，食肉动物也会跟着饿死。可以食用的大型猎物从来都算不上丰富，特别是对顶级食肉恐龙而言，所以它们特别容易灭绝。

　　许多较小的陆地动物幸存了下来，有哺乳动物，也有如鳄鱼和海龟等爬行动物。没有人真正知道为什么这些动物逃过了大灭绝。大概是体积小而数量多会增加它们存活的机会，这也就解释了鸟类的幸存。

　　树叶化石表明陆地上的植物也遭受了大规模灭绝。[③]我们

17

①　许多古生物学家现在会把已经灭绝的中生代恐龙称为"非鸟恐龙"，这是基于鸟类是恐龙的一个分支的观点而得出的称呼。

②　Feduccia，A.，1995，Explosive evolution in Tertiary birds and mammals：Science，v. 267，p. 637 - 638.

③　Johnson，K. R. and Hickey，L. J.，1990，Megafloral change across the Cretaceous/Tertiary boundary in the northern Great Plains and Rocky Mountains，U. S. A.：Geological Society of America Special Paper，v. 247，p. 433 - 444.

目前认为，在撞击时幸存的个别乔木和灌木一样撑不过寒冷和黑暗，但是种子和根系应该能让大多数植物在黑暗结束后重见天日。因此，许多植物何以灭绝仍是未解之谜。

谈到比较陌生的海洋领域，我们则发现这次撞击灭绝了几种在海洋中漂流了数亿年的卷壳菊石——珍珠鹦鹉螺的近亲。[①]鲜为人知的无脊椎动物群在属和科的层面上大规模消亡。它们也许是食物链崩溃的受害者，又或许是它们的外壳被酸化的海水溶解了，但没人知道到底发生了什么。

更不为人知的是那些漂浮在海洋表层水体中的微小单细胞动植物。这些微小的有机体种类一度非常丰富，但几乎全部灭绝。微小的光合藻类和被称为有孔虫的单细胞食肉动物在死亡后产生了大量极小的薄片和甲壳，以不同寻常的清晰角度记录了这场灭绝的过程。[②]它们是海洋食物链的基础，却非常容易受到黑暗和酸的伤害，它们的消失对海洋食物链造成了毁灭性打击。有孔虫和光合藻类都处于濒危状态，其中大多数种类都灭绝了，但两者中都有少数几种幸存下来，在今时今日的海洋中留下大量的后代。

地球上一半动植物属或种的突然消失对我们来说是一场几

---

① Ward，P. D.，A review of Maastrichtian ammonite ranges：Geological Society of America Special Paper，v. 247，p. 519 – 530.

② Smit，J.，1982，Extinction and evolution of planktonic foraminif-era after a major impact at the Cretaceous/Tertiary boundary：Geological Society of America Special Paper，v. 190，p. 329 – 352.

乎无法理解的灾难。它标志着那个世界的真正终结。然而，黑暗最终散去，热量消退，酸被中和。幸存者们发现自己身处一个全新的世界，即使是建立在巨大的悲剧上，未来也有着无限的机会。1.5亿年来，恐龙一直是地球上的大型陆地生物，而哺乳动物则局限于小型动物的角色。随着恐龙的消失，哺乳动物有了新的机会，迅速进化并变大。当我们意识到白垩纪是一个没有大型哺乳动物位置的世界时，我们似乎也就不那么怀念它了。不仅如此，对白垩纪末大撞击的恐惧也开始消退。因为我们认识到，正是由于这场灾难，生物的进化才开始走上了另一条道路，而6 500万年后，这条道路通向了我们。我们正是那场末日审判的受益者。

我们如何知道这一切

　　托尔金的中土故事当然是纯粹的幻想。虽然它有自己的内在逻辑，但神奇的事情只能发生在中土世界，在现实世界里是不可能的。《魔戒》讲述了一个美妙的故事，但为了享受它，你必须停止你的怀疑。毕竟它并不是在叙述曾经真实发生过的事件。

　　在尤卡坦半岛的撞击终结了恐龙的时代，但这个故事有着不同的目的。它旨在尽可能准确地重建真实发生的历史事件，而读者仍然不应该停止怀疑，他们做的应该是尽全力批判它的内容，揪出故事中的漏洞，以任何可能的方式测试它的可证伪性，以此试图帮助提高其准确性。可是，我们要怎么才能重现6 500万年前发生的事情呢？尤其是还没有人类可以观察正在发生的事情并为子孙后代记录下来的史前？我们得以重现这些事件，是因为地球本身记录着自己的历史。我们星球的大部分历史都是用石头"写"成的。岩石是地球历史的关键，因为固体物质能"记住"，而液体和气体会"忘记"。找回这些久违的记忆是地质学家和古生物学家的工作，他们选择成为地球历史的研究者。

　　试着理解地质学家和古生物学家如何破译一个伟大的历史事件，这一过程也许和事件本身一样有趣。揭开白垩纪大灭绝真相的过程如同需要耐心细读的侦探小说，是在世界偏远地区的伟大冒险，是一场孤独的脑力劳动，是被突如其来的进展打破的长期受挫，是关于友谊的得与失，是公开发表了错误的理论又不得不撤回的尴尬记忆，是一场令人振奋的发现之旅，也是逐步披露一个精彩绝伦的故事后的喜悦。这就是我们在本书的剩余部分中将会读到的内容，我们将看到有关尤卡坦撞击事件的众多碎片是如何被发现和拼凑在一起的。

第二章

史前图书馆

岩石上的历史

在 1975 年，尤卡坦半岛的撞击事件还完全不为人知。我们星球过去最为震撼的一件事被完全遗忘，6 500 万年来无人知晓。遗失的记忆又是如何被唤醒的呢？

人在出生时对出生前发生的事情一无所知，通过对历史事件的研究，我们试图克服这种与生俱来的无知。我们可以询问自己的父母或祖父母来了解近来发生的事，因为他们都记得。鲜活记忆之前的历史被书写在文件中，我们既有古人的原始记录，也有历史学者写下的专业著作。通过研究纸上符号所代表的文字，我们可以探寻 5 000 年前的过去，探寻人类最早的著作，了解生活在我们之前的人们的思想和行为。

然而，探寻 5 000 年前的时代只能让我们回顾地球生命史的百万分之一。任何文字都没有被发明的时代是一个近乎无尽的时间深渊，在此期间发生的事件决定了我们是什么样的生物，我们会生活在怎样的世界中。只有在最近几个世纪，我们才学会破译被遗忘的时代留在自然中的永恒记录，并书写下那些历史。

最重要的发现是历史记录在岩石中。岩石就是一座史前图书馆——我们可以从岩石化作的书本中了解到地球的历史。更多的人喜欢研究动物和植物，而非岩石，因为植物和动物是活生生的，充满了活力，而岩石似乎只是躺在那里，没有活力，一成不变。即使岩石确实会发生变化，但变化通常太慢，很少有人会注意到。正是这种迟缓、近乎静止的性质，使岩石成为地球历史的优秀记录者。岩石总是会铭记过往，见证地球的演化。

在考古学家的工作中，重现岩石中的记忆是最易为大众理解的一部分。古老的寺庙、房屋和城市记录着远古文明的生活，比如古代玛雅人的生活。玛雅人的文明在尤卡坦半岛的丛林中繁荣、衰落到最终消亡。在他们脚下正是许久以前引发大灭绝的被掩埋的陨星坑。

世界各地的考古遗迹都展示了岩石记录历史的基本规律：新的岩层总是在老的岩层之上。此即"地层层序律"，是所有地层学的基础。一层层的岩石连续沉积而叠在一起，成为历史的记录者。但是，人们必须格外小心例外情况的发生，比如有些直达老岩层的深坑被新的岩石填补，或是洞穴被挖空后又被新的岩石堵住。这些偶尔可能让人犯错的情况一般来说只是提醒地层学家时刻保持警觉，不要被一些表面现象所迷惑。

早已被发现并研究了几个世纪的考古遗迹中，有很多地层叠覆的例子。例如，古罗马的公共集会场所保存了一层又一层的历史，台伯河的沉积物上覆盖着古罗马的原始遗迹，然后是罗马共和国时期的坚固建筑遗存和罗马帝国时期宏伟纪念碑的残骸。中世纪和现代的罗马亦是在多层废墟上建造而成的，有时你仍能看到一串台阶从今天的街道通向一座古老教堂的入口。地层学是探索每座古城的基础。

24

古比奥的中世纪建筑孔索利宫。

　　写在岩石上的历史在各地的石头建筑中被更为详细地记载着。在罗马北部的亚平宁山脉，坐落着美丽的小城古比奥。中世纪的石塔、教堂和宫殿散落在小城的每一个角落，这座城静静地沉湎于过去几个世纪的美梦，仿佛时间凝固了一般。我花了好几个月的时间在古比奥附近的山区进行地质研究。我从不厌倦于穿过它的街道，不厌其烦地欣赏着中世纪的建筑。整座城市都是用石头写成的历史，仔细看，你会发现历史的片段在修复和重建的细节中被保存至今。例如，在古比奥，哥特式尖拱窗户随处可见，但通常是被墙围起来的，后人在建筑的其他地方重开了其他类型的窗户。有人告诉我，这种对高贵建筑的亵渎记录了曾经对窗户征税的历史，一些房主只好选用墙把窗户围起来以避免纳税。到最后取消这项税收的时候，那些窗户已经被遗忘，要么因为房屋的内部结构已经改变，要么因为哥特式窗户已经不再流行。对中世纪着迷的人以及任何对记录在石头中的历史有兴趣的人来说，古比奥都是一处天堂。

阅读地球的历史

　　我们大多数人都很容易理解石墙和考古遗迹中记录的人类历史，因为我们熟悉建筑物，甚至可能自己亲手建造过。史前事件在岩石里的记录对于我们则显得比较陌生。阅读地球历史同样需要足够的知识和经验。古比奥就是个不错的起点。走出城墙的后门，进入城市背后的群山，我们可以看到地球历史是如何被记录下来的。

在大门外面，我们经过几座石屋，进入一个叫做博塔乔内的封闭峡谷中，它由两边的岩石山脉汇合而成。"博塔乔内"（Bottaccione）在意大利语中是"大水桶"的意思。这是一个有趣的名字，指的是在 14 世纪建造的一条渡槽，它将山泉中的水从峡谷引到古比奥城里，蜿蜒于现代公路上方的山腰上。在路堑上，则会露出一种迷人的粉色片状石灰岩——*Scaglia rossa*。（Scaglia 在意大利语中发音为"斯卡利亚"，意为"割裂"或"剥除"，此处指这种岩石可以被轻易地切成漂亮的建筑石料；rossa 指的是红色。）

停下脚步仔细观察这种粉色岩石，我们首先注意到它以大约 10 厘米的厚度排列于岩层或岩床中。这些岩层（或岩床）处于下沉或倾斜的状态，与古比奥城保持着大约 45°的倾角。*Scaglia rossa* 是一种沉积岩，由海床上的沉淀物颗粒沉积而成，后来海床被推高形成了亚平宁半岛。沉积物主要由矿物方解石（碳酸钙）的颗粒构成，形成被称为石灰岩的沉积岩。沉积岩大致呈水平状态沉积，如今的 45°倾角表明这些岩层（或岩床）在沉积后发生了倾斜。这种倾斜是由造成亚平宁山脉褶皱的变形作用所导致的。这便是一段书写在岩石中的历史，让我们超越一般意义上的考古学——因为建筑物可能倒塌，但岩石极少破碎！

古比奥的博塔乔内大峡谷：中部的巨大山腰即由白垩纪时期的粉色片状石灰岩 Scaglia rossa 构成，道路上方的水平结构是中世纪的渡槽。

这些原本呈水平状的粉色石灰岩层，厚度为 400 米，在其上方和下方还有更多其他颜色的石灰石。显然，在这些岩层中记录了许许多多的地球历史，它们都是一些什么样的历史呢？最后，我们拿起一块裸露在外的斯卡利亚岩石，用地质学家随身携带的小放大镜来观察它。整块岩石上的微小斑点在放大镜下变成盘绕在一起的腔状微型化石。这些化石是有孔虫的壳。有孔虫是漂浮在海底水体中的单细胞食肉动物，在霸王龙消亡的同一次大灭绝中几乎遭受灭顶之灾，不过不是彻底灭绝。有孔虫的存在表明斯卡利亚岩石一定是海相沉积的。我们还可以看出，它是一块深水石灰岩，因为没有任何无脊椎动物化石在当时的浅海中大量存在。此外，它沉积在远离河口的地方，因为上面几乎没有河砂和淤泥。

也许很多人会觉得这种海底石灰岩不如沉积在陆地上的沉积岩有趣。毕竟，我们本身就是一种陆生动物，陆地及其上的生物对我们而言更为熟悉，通常也更为重要。但海平面以上的土地是海水侵蚀的重灾区，丘陵和山脉会被夷为平地，更早的沉积岩也会被清除。海水的侵蚀毁灭了地球历史的记录。然而在深海，几乎不存在海水的侵蚀，因为波浪无法到达海底，那里的水流柔和而缓慢。因此，深海里的沉积岩是地球历史的理想记录者，而古比奥的石灰岩则是其中最优秀的记录者之一。

自 20 世纪 70 年代中期人们认识到这点以来，像我这样的地质学家每年夏天都会来到古比奥，寻找有关地球历史的许多不同问题的答案。正是在古比奥，有关大撞击的第一个证据被揭示出来，我们将很快提起这一点。但在此之前，我们需要对人类出现之前的漫长时间有更深入的了解。

计量地球的历史

历史学家有两种方法来表示过去的时代。有时，他们会给出数字日期："古罗马文明始于公元前 8 世纪，最后一位被承认的罗马皇帝于公元 476 年被废黜。"有时，他们则会用人类历史阶段来命名某个时期："古比奥在中世纪时期蓬勃发展，其建筑则代表了哥特时期的意大利风格。"

地质学家也使用这两种方式："6 500 万年前尤卡坦半岛的撞击标志着白垩纪和第三纪之间的界线。"要习惯于用这两种方法来准确地表达地球过去的时间需要付出一些努力，因为那些名字并不是人人熟悉的，而且数百万年的时间数字显得难以想象的遥远。

当地质学家两百年前第一次开始了解岩石中记录的地球历史时，他们根据岩石的特征给可识别的历史间隔命名。许多名字之所以被保留下来，是因为它们很有用。正如艺术史学家就算不清楚建筑的确切日期，也能认出哥特式的窗户一样，地质学家经常能从菊石或有孔虫的化石中分辨出一块岩石来自白垩纪，尽管多年来并没有办法确定它的确切年龄。

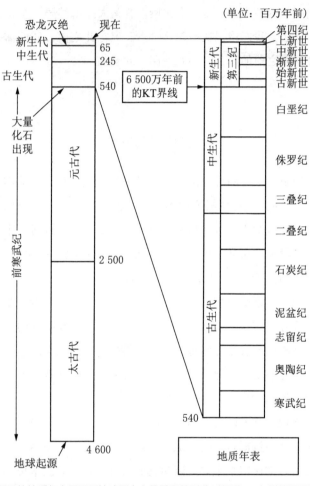

（单位：百万年前）

恐龙灭绝　现在

新生代　65
中生代　245

古生代　540

大量
化石
出现

元古代

前寒武纪

2 500

太古代

地球起源　4 600

6 500万年前
的KT界线

第四纪
上新世
中新世
渐新世
始新世
古新世

白垩纪

侏罗纪

三叠纪

二叠纪

石炭纪

泥盆纪

志留纪

奥陶纪

寒武纪

540

新生代　第三纪

中生代

古生代

地质年表

如图所示的地质年表展示了地球历史上最重要的那些时间段。 左侧柱图通过从下到上以时间顺序展现了地球的完整历史，右侧图则更详细地展现了地球历史最近的 12%。 能做到这一点，要归功于挖掘到的大量丰富的化石。

KT 界线

地质时间间隔的名称在上文的表格里已经列出，但是由于我们在这本书中只讨论 6 500 万年前的大灭绝事件，我们只需要记住它造成的时间间隔，也就是在本页图中所总结的那些。

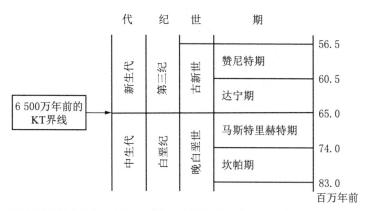

地质学家用这些名字来表示白垩纪和第三纪之间的时间段，二者的分界通常称为 KT 界线。从左到右即从较长的时间段到较短的时间段，而较早的时间段位于底部，较晚的则在上面。

　　就最宽泛的地球历史划分方式而言，尤卡坦半岛的撞击将中生代（恐龙时代）与新生代（哺乳动物时代）分割开来。

　　在更详细的以"纪"来细分的方式中，撞击事件标志着白垩纪和第三纪之间的界线。"白垩纪"这个名字来源于拉丁语 creta，意即"白垩"，因为白垩在中生代最后三分之一的时期大量沉积在广阔的浅海海域中。"第三纪"这个名字是从地球历史上曾有过四个纪这一较早的概念遗留下来的。这四个纪分别为第一纪、第二纪、第三纪和第四纪，前两个名字已经不再使用，但是第三纪一直被用于表示白垩纪末期到冰河期（也就是所谓的第四纪）之间的这段时间。地质学家也会用字母 K 来表示白垩纪，取自德语单词 Kreide（白垩），T 则表示第三纪（Tertiary）。白垩纪末的大灭绝标志着地球历史上一个重要的转折点，也就是人们所熟知的 KT 界线。

根据更为详细的以"期"分类的细分方式，KT 界线标志着马斯特里赫特期的结束。这是白垩纪的最后一个期，以荷兰马斯特里赫特城周围裸露在外的岩石命名。第三纪的开始，也就是第三纪的第一期，则以丹麦命名（但通称"达宁期"），因为这一期的岩石在丹麦保存良好。

了解深层时间

学习地球历史的各时间段也许只是努力记住一些不熟悉的名字。研究数字日期则更为困难，因为数百万年的间隔是难以逾越的，超出了人类的理解范围。哪怕一个人足够走运，也只能活上一个世纪左右。地质学家并不能在直觉或本能上比任何人更好地感受这些时间。他们对数亿年的历史了如指掌，是因为他们知道地球历史上发生了什么，也知道如何划分地质学上较晚的或是较早的日期。要想达到这种烂熟于心的状态，我们需要做两件事：第一，将时间单位从"年"改为"百万年"；第二，回忆地球历史对这一单位的基础划分方式。

为什么在思考地球历史的时候，我们需要把时间单位从"年"变为"百万年"？因为在进行对地球历史的思考时使用"年"作为单位，就像用"厘米"测量一次从墨西哥到意大利的旅程的距离，或者用"秒"计算一个国家存在的时间。所以我们需要避免把恐龙灭绝的时间记成一个巨大的数字——65 000 000年！而要将它理解为 65 "百万年"这样一个很小的数字。

之后，我们需要用一种方式来感受这个日期在地球历史上离我们到底有多遥远。在这里，一个了不起的巧合帮助了我们。地球的历史是有文字记录的人类历史的一百万倍。文字在大约5 000年前出现，地球则在大约 5 000百万年前就形成了。①因此，我们可以通过将地球历史上以"百万年"为单位的日期与人类历史上以"年"为单位的日期进行比较，来认识地球历史上以"百万年"为单位的日期离现在时间的远近。第四纪大冰期始于 200 万年前，对于地球历史而言，大冰期的开端与两年前发生的人类事件一样晚。那么 6 500 万年前的白垩纪—第三纪界线，相当于 65 年前发生的人类事件，如今仍然

---

① 更确切地说，地球的年龄是 4 600 百万年，但 5 000 百万年作为一个整数已经足够接近，而且更容易被记住，以便我们理解地球的历史。通常，地球的年龄被写作"46 亿年"，但我发现，把地球历史上的所有事件都用"百万年"作为基本单位来计算时间是很有帮助的。

能被许多人记得。正如人类的历史一样，当我们谈到数百年前的事件时，感觉这似乎真的很遥远，而对地球历史来说，几亿年前才算属于较早的过去。

当年轻的地质学家开始研究地球历史时，他们会接受这些思维方式，会学习这些名称，会将单位从几年改为百万年，并开始意识到哪些日期离现在相对较近，哪些日期确实很遥远。

世界地质年代表

我们如何确定一块岩石到底来自地球历史的哪个时期，并查明它到底有多少百万年的历史？利用地层层序律，岩石的年龄通常很容易确定。当地质学家开始用岩石中发现的化石来给历史时期命名时，地质学还处于发展的早期。两百年后的如今，这一命名法仍然被使用着。直到物理学家发现了物质的放射性并发明了精密的分析仪器，确定数百万年前的时间才得以实现，这是 20 世纪一项伟大的成就。

想要编写出地球历史的完整年表，目前的方式方法仍然有很大的局限性，因为数字年龄和化石年龄通常分析自不同种类的岩石。①用来判断数字年龄的大多数放射性矿物形成于岩浆

---

① 将"日期"一词限定为基于放射性元素衰变得出的数字年龄并使用其他一些词来表示根据化石确定的大致时间范围是合乎逻辑的。但地质学家认为，化石和放射性元素衰变都是测定岩石年代的合适方法，必要时，可将两者分别称为"化石年龄"和"数字年龄"。

中火成岩结晶过程中产生的高温，而化石则往往掩埋在海洋或陆地上的沉积岩中，彼时的温度有利于产生生命。

地质学家在填补这一鸿沟并建立一个能够有效取得精准数据的年表方面只取得了微小的进展。最直接的方法是找到火山灰中可测定日期的高温矿物。火山灰从喷发的火山口被吹到很远的地方，并在含有化石的沉积岩中沉积成岩层。①另一种间接却非常有效的方法是根据火成岩和沉积岩中地球磁场反转的记录来建立年表。每隔几年都有图书出版以介绍地球历史测定的地质年代学知识现状。②古比奥的岩石地层序列在所有三种常用的地质年代学方法中都很重要，古比奥的地质年代表研究直接让人们发现了 KT 界线发生的大碰撞。那么，让我们接下来更仔细地研究一下这三种方法在古比奥岩石地层序列中的应用。

用化石测定岩石的年代

早在人们普遍意识到化石是很久以前动植物的遗骸之前，他

① 古比奥 KT 界线以上的第三纪海洋沉积物就是一个很好的例子，参见：Drake，R.，Bice，D. M.，Alvarez，W.，Curtis，G. H.，Turrin，B. D.，and DePaolo，D. J.，1985，Radiometric time scale for the upper Eocene and Oligocene based on K/Ar and Rb/Sr dating of volcanic biotites from the pelagic sequence of Gubbio，Italy：Geology，v. 13，p. 596 - 599.
② 最新的关于地质时间尺度的著作：Harland，W. B.，Armstrong，R. L.，Cox，A. V.，Craig，L. E.，Smith，A. G.，and Smith，D. G.，1990，A geologic time scale 1989：Cambridge，Cambridge University Press，263 p.

们就已经发现了化石。威廉·史密斯（William Smith）是一名英国运河工程师。1800 年前后，他在沉积岩中挖掘沟渠。史密斯逐渐熟悉了他手下工人们挖出的各种化石，并意识到化石的种类在漫长时间中形成的不同沉积岩里以一种可识别的方式变化，还发现可以根据化石的种类来排列沉积岩的时间顺序，继而将不同地方发掘的年代相近的岩石互相对比。这就是地层古生物学的起源。

保存在沉积岩中的动植物化石类型随着我们挖掘的深度而改变，这是一个经过观察得出的事实。从这个意义上说，任何仔细寻找和研究化石的人都可以证实进化论。到了 19 世纪，随着化石种类变化方式的逐渐确定，白垩纪和第三纪等名称被用于特定时间段的岩石。化石种类变化的原因是神秘的，直到英国博物学家阿尔弗雷德·拉塞尔·华莱士（Alfred Russel Wallace）和查尔斯·达尔文（Charles Darwin）将其解释为自然选择的结果。正如我们将看到的，达尔文坚持认为所有的进化都是渐进的。自然选择的进化论已经存在了一个多世纪，但是这一理论的一些细节仍然有待改进。①本书的一个重点正在

---

① 挑战渐进进化的一个主要观点来自古生物学家尼尔斯·埃尔德雷奇和斯蒂芬·古尔德，他们找到了生态平衡间断的证据，即单个物种在很长时间内是稳定的，但新物种的出现是迅速发生的。参见：Eldredge, N. and Gould, S. J., 1972, Punctuated equilibria: An alternative to phyletic gradualism, in Schopf, T. J. M., ed., Models in paleobiology: San Francisco, Freeman, Cooper and Co., p. 82–115; Gould, S. J., 1984, Toward the vindication of punctuational change, in Berggren, W. A., and Couvering, J. A. V., eds., Catastrophes and Earth history: The new uniformitarianism: Princeton, Princeton University Press, p. 9–34.

于，达尔文有关渐进进化的观点是如何被偶发灾难对生物的巨大影响（如在 KT 界线发生的尤卡坦撞击）所挑战的。

蛤蜊、菊石和珊瑚等海洋无脊椎动物化石是 19 世纪最有用的时代测定工具，因为它们很容易在野外找到，而且大到可以用肉眼研究。在 20 世纪，古生物学家开始认识到极小的微型化石的价值。那些微型化石大量出现，甚至存在于不太可能与稀有的大型化石相交的岩芯中。虽然研究它们需要显微镜，但到 20 世纪中期，微型化石已成为首选的时代测定材料。

最重要的微型化石是有孔虫。不同种类的这些单细胞海洋生物形成的微小外壳也不同，可以在显微镜下准确识别。大多数有孔虫生活在海底，其化石存在于特定的沉积岩中，能够反映当时的海洋环境。但也一些有孔虫作为浮游生物漂浮在海洋的表层水体中。这些浮游的有孔虫尤为有助于确定岩石的年代，因为洋流会迅速将新进化的生物带往世界各大洋，而当这些有孔虫死亡之后，甲壳沉入海底，就可在全世界记录下进化所产生的种种变化。只有在海洋极深处的沉积岩中才找不到有孔虫的壳，因为它们溶解在了极冷的海水中。

直到 20 世纪 60 年代，古生物学家才充分认识到在石灰岩中保存的几乎连续的历史记录的价值。石灰岩会沉积在中等深度的海底，所谓的“远洋”石灰岩这一名称就是为了将它们与“浅海”石灰岩区别开来。“浅海”石灰岩是由生活在浅海阳光照射下的生物化石所形成的。“远洋”沉积物沉淀在黑暗中，远离海浪的侵蚀，在数千万年中得以保持原状。白垩纪和第三纪的许多远洋石灰岩中都有浮游的有孔虫甲壳，因此可以对它们进行详细的年代测定。

从 1967 年开始，科学钻探船"格洛玛挑战者"号回收的深海岩芯提供了大量关于地球历史的信息。并非所有的深海石灰岩都仍然淹没在海洋中，在一些地方，它们被推到了海平面以上，留在了山上，给了那些买不起钻井船却有靴子、锤子和手持放大镜的人研究的机会。可惜地质学家们确定这些石灰岩来自深海或远洋都花了不少时间，更不用说解读它们作为地球历史记录的价值了。

远洋石灰岩在陆地上的广泛出现是罕见的。意大利的亚平宁山脉是为数不多的发现它们的好地方之一，而亚平宁山脉中最好的地方或许就是古比奥的博塔乔内峡谷。20 世纪 60 年代，伊莎贝拉·普雷莫利·席尔瓦（Isabella Premoli Silva）在米兰的时候，去古比奥研究了粉色斯卡利亚岩石上的有孔虫[1]，哪怕它是一种坚硬的石灰岩。普通人很难辨认岩石中的有孔虫。许多古生物学家都能很好地辨识独立的有孔虫，伊莎贝拉则是少数几个能在玻璃片上的岩石薄片中识别它们的人之一。岩石不是透明的。当我们看到朋友的脑袋时，我们大多数人都能很快认出他们，但在许多个黑色的剪影中辨认出朋友的脑袋要困难得多，就像辨认岩石中的有孔虫那样困难。伊莎贝

[1] Luterbacher, H. P. and Premoli Silva, I., 1962, Note préliminaire sur une revision du profil de Gubbio, Italie: Rivista Italiana di Paleontologia e Stratigrafia, v. 68, p. 253–288.

拉能够识别坚硬石灰岩中的有孔虫，并读出粉色斯卡利亚岩石中5 000万年的连续记录，因此她能够根据在其他地方从松散沉积物中提取出的有孔虫对比斯卡利亚岩石中发现的有孔虫，从而建立出当地的地层年代序列。

百万年计的数字年份

为了建立古生物学的时间表，并根据生前的年份为化石命名，确定地球历史上事件的数字日期是至关重要的。KT界线的大灭绝发生在多久以前？百万年内？数字年份的确定基于放射性元素的衰变。矿物中的一些元素具有不稳定的原子核，这些原子核会转变成其他元素。这为我们提供了一个时钟，因为随着时间的推移，矿物颗粒中母元素的原子逐渐转变为子元素，子元素与母元素的比例逐渐增加。无论压力或温度发生什么变化，或发生什么化学反应，放射性元素的衰变都以不变的速率发生。所以它提供了一个非常可靠的时钟。铀、钍、铷和钐都是不稳定、会衰变的元素，但确定沉积层年份最重要的是钾，钾会衰变为氩。测定了放射性钾的衰变速率，如果还能测量出母体钾和子体氩的含量，就有可能计算出样品的年龄（单位为"百万年"）。子体氩与母体钾的比值越大，岩石越老。

在实践中，用放射性元素测定年份是一项相当复杂的工作，会发生各种各样的误差。举例来说，氩是一种气体，这导

39

致有时候子体氩会在数百万年后从待测的样品中溢出，从而使得测量结果比实际年份要晚；或者，如果氩在矿物首次形成时渗入其中，则测量得出的日期将比实际年份要早。所幸从事这项工作的地质年代学家或测定者都知识丰富、技术娴熟，现在他们每年都能公布许多准确的年份数据。

我们此时对地球历史时间表的理解，一部分来自化石，一部分来自与化石相关的数字信息。确定时间表的另一个重要关键因素是研究地球磁场的反转。这就是为什么我和比尔·劳里（即威廉·劳里）会参与时间表的研究，以及我们是如何与霸王龙的神秘灭绝产生联系的。

岩石指南针与反转的磁场

比尔·劳里是苏格兰南部城市霍伊克的地球物理学家。他和我大约在 20 世纪 70 年代初同时来到隶属于哥伦比亚大学海洋和地质实验室的拉蒙特-多尔蒂地质观测站。作为渴望一展身手的年轻研究人员，我们正在寻找令人兴奋的项目，并开始分享彼此的想法。

我告诉比尔，我有兴趣解开我曾经工作过的意大利亚平宁山脉的起源之谜。他则告诉我可以尝试古地磁法，古地磁是他在地球物理学方面的专长。有些岩石含有磁性矿物颗粒，这些颗粒记录了当它们作为沉积岩沉积或作为熔岩流冷却时地球磁场的方向。这些磁性矿物颗粒就像隐藏的岩石指南针，古地磁专家在实验室里可以解读出这些岩石指南针的奥秘。

古地磁在20世纪60年代的板块构造革命中起着至关重要的作用。板块构造论是大陆漂移论的现代版本，它打破了那些认为大陆始终保持固定位置的旧观念。如果大陆板块正如大多数地质学家在20世纪上半叶所相信的那样从未移动过，那么所有岩石中的化石指南针都应该指向北方。富有开拓性的古地磁学家已经证明这是绝对不可能的。化石指南针因岩石形成以来大陆的移动和旋转，经常指向其他方向。

在比尔和我开始我们的研究生涯时，板块构造理论刚刚被接受，从早期的古地磁研究中可以大致了解到大型大陆板块的旋转。在利比亚当了几年石油公司的地质学家、在意大利做了几年研究员后，我对地中海的复杂地质演化——地中海的构造产生了兴趣。地中海的构造似乎涉及比主大陆板块小得多的板块的运动和旋转。当比尔和我开始谈论地中海的构造，我们使用了"微板块"这个术语，想知道古地磁学能否告诉我们关于这些板块运动的信息。我们意识到，如果意大利大陆地壳在亚平宁山脉变形过程中作为一个微型板块旋转，我们就能够发现亚平宁沉积岩中的指南针旋转偏离了应有的路线，不再指向北方。

比尔和我决定去亚平宁山脉采集岩石，我们的妻子米莉和玛西娅跟着我们一同出发。时而沐浴阳光，时而淋着雨水，我们翻越了一座座纵横交错的山岭，取得了粉色斯卡利亚岩石的样本。它的锈红色表明其中含有氧化铁矿物，也意味着赤铁矿

41

的存在，它可以记录地球的磁场。

有一段时间，我们和我的朋友埃内斯托·琴塔莫雷（Ernesto Centamore）一起工作。他是一个大块头的意大利人，对生活、食物和地质学都有着极大的兴趣。埃内斯托带我们去了伊莎贝拉·普雷莫利·席尔瓦在古比奥找到的岩石突出处，他声称那里是采集粉色斯卡利亚岩石样品最好的地方。事实上，古比奥的岩石突出处非常壮观，我们通过石灰岩层采集了许多样品。我们希望通过研究斯卡利亚岩石找到一个渐进的趋势，即古老的岩石指南针不断偏离北方。这可能就是意大利微板块旋转的古地磁特征。

这似乎是一个不错的想法，但不幸的是，当比尔在拉蒙特-多尔蒂实验室测量样品的磁化强度时，我们意识到我们能得到的东西非常有限。化石指南针指向北偏西的方向，表明意大利的地壳确实发生过旋转。但是，我们无法计算出旋转的详细时间，因为石灰岩层之间的层理面使得岩层在亚平宁山脉褶皱形成的过程中相互扭曲，从而使石灰岩层变成了 45°的倾斜状态。对其余的磁化详细研究也没能看出意大利微板块的旋转，这是由于石灰岩层的局部区域受到强烈破坏造成的。

这让我们非常失望。我们收集那些样品似乎纯属浪费时间。但后来我们发现了比测量微板块旋转更重要的东西。尽管大多数古比奥石灰岩中都有岩石指南针，并且通常指向北方，但也有一些指南针指向完全相反的方向！磁场反转在 1960 年左右被发现，在拉蒙特-多尔蒂观测站是一个热门话题。比尔

比尔·劳里和玛西娅·劳里在古比奥附近，为古地磁研究钻探样品。

和我几乎立刻意识到，我们看到了地球磁场反转的一种新的记录形式。这是一个全球性的现象，比地中海复杂构造的局部效应更有趣。

就在十年前，地球物理学家发现，在过去的许多历史时期，地球的磁场都会发生反转。这真是一个巨大的惊喜。地球的内部好像有一块巨大的条形磁铁，大致呈南北排列，形成了全球磁场，将船上的罗盘和岩石中的化石指南针也排列成一条直线。但是其实那里没有条形磁铁，因为铁在地球深处的高温下不能保持磁化状态。磁场实际上是由液态铁芯中的旋转对流运动产生的，其原理类似于一个磁力发电机。早期的古磁力学家在年代较晚的火山岩中发现了化石指南针，它们有些指向北方，而另一些则指向南方。经过长时间的争论和多次测量，研究者们证明了地球的磁场已经从指向北方变为指向南方，并且一次又一次地来回改变，原因目前仍然不清楚。地球的自转方向没有改变，只有磁场的方向颠倒了。

尽管这个理论仍然是神秘的，但在比尔和我去古比奥之前的几年里，磁场反转一直是检验板块构造理论的关键。板块构造论的支持者声称，洋盆是由海平面扩张形成的，新的海洋地壳形成于海底熔岩在被其淹没的洋中脊顶部冷却的地方。之后人们意识到，洋盆上刻有"磁条"——形成于洋中脊顶部的冷却熔岩记录了磁场的正反方向。人们可以通过在穿越海洋的船只和飞机后面拖曳磁力计绘制出这些磁条。最后几次磁反转的年代是在夏威夷的熔岩中确定的，与海底年代最晚的磁条宽度相对应。这是板块构造理论众多证据中最重要的一项。①

海面上的磁条继续延伸到越来越古老的海洋地壳中，但是没有办法确定较早的反转，因此也没有办法确定较早的海洋地壳的年代。然而，为了弄清板块运动和大陆漂移的历史，这些日期是必不可少的。对于板块构造理论的先驱者们来说，这是一种巨大的挫败。可当比尔和我在古比奥看到第一个反转的岩石指南针的那一刻，我们就知道确定反转年代的关键就在眼

---

① 磁场反转和板块构造运动的完整历史，详见：Glen，W.，1982，The road to Jaramillo：Stanford，Stanford University Press，459 p.

前。毕竟，斯卡利亚岩石里充满了有孔虫化石，这是确定海相沉积岩年代的最佳工具。而我们刚刚发现斯卡利亚岩石也记录了磁场反转。通过这样一个过程曲折、出人意料又非常幸运的方式，我们取得了所有年轻研究人员所梦想的突破！

　　之后，我们又去了亚平宁山脉，在粉色斯卡利亚岩层采集了密集的样本，以确定磁极反转的详细历史。我们很快发现，自己并不是唯一一伙意识到这种岩石包含磁场历史记录的人。在普林斯顿大学的校友通讯中，我了解到我的助教阿尔弗雷德·费舍尔也在做同样的事情，他现在的两个研究生迈克·阿瑟（Mike Arthur）和比尔·罗根滕（Bill Roggenthen），还有

阿尔弗雷德·费舍尔在一场实地考察中向一群地质学家介绍 KT 界线。

伊莎贝拉·普雷莫利·席尔瓦和佛罗伦萨的古磁学家乔瓦尼尼·纳波莱奥内（Giovanni Napoleone）都在做类似的研究。

　　一开始，我们非常失望。在科学领域，像这样同时发现某种现象可能导致激烈的竞争，虽然竞争通常是有益的，但也可能导致宿怨。如果发展到那种地步，那必然是恶性的。为了避免争论谁最先发现了这些东西，我们和阿尔弗雷德的团队进行了交涉，最终双方同意联合起来、共同努力。这是一次美妙的合作。1977年，我们发表了一组论文，共计五篇，表明古比奥的粉色斯卡利亚岩石记录与海洋磁条所记录的长极性带和短极性带的时间顺序相同。①地球上有两种磁场记录者，它们记录了相同的磁场反转历史，尽管海底磁条的速度比深海沉积物快了6 000倍。

　　在接下来的几年里，比尔和我以及阿尔弗雷德的小组与其他同事一起，一路走过白垩纪和第三纪，最终确定了磁场反转的时间顺序，并用有孔虫确定了对应的年代。其他古地磁学家也试着靠"格洛玛挑战者"号通过深海钻芯法回收的远洋沉积物做同样的研究，但他们似乎总是无法从这些沉积物中读取到

---

① Upper Cretaceous-Paleocene magnetic stratigraphy at Gubbio, Italy：Geological Society of America Bulletin，v. 88，1977，p. 367 - 389. Part I：Arthur, M. A. and Fischer, A. G., Lithostratigraphy and sedimentology；Part II：Premoli Silva, I., Biostratigraphy；Part III：Lowrie, W. and Alvarez, W., Upper Cretaceous magnetic stratigraphy；Part IV：Roggenthen, W. M. and Napoleone, G., Upper Maastrichtian-Paleocene magnetic stratigraphy；Part V：Alvarez, W., Arthur, M. A., Fischer, A. G., Lowrie, W., Napoleone, G., Premoli Silva, I., and Roggenthen, W. M., Type section for the Late Cretaceous-Paleocene geomagnetic reversal time scale.

良好的反转记录。这显然是因为钻头的振动使岩芯周围柔软的远洋泥浆松动，从而导致磁性矿物重新定向。后来，当不会闹出很大动静的岩芯获取技术被开发出来时，我们便开始使用深海岩芯研究磁场反转的时间顺序。但是在20世纪70年代中期的几年里，只有暴露在陆地上的坚硬的远洋石灰岩才可以被用来确定磁场反转的日期。我们这些在亚平宁山脉工作的人利用了这个机会，经过几次详细研究，比尔和我在一篇题为《地磁极性的一亿年历史》的论文中总结了研究结果。①

47

隐藏在古比奥黏土层中的颠覆性线索

20世纪70年代中期，比尔·劳里和我多次回到古比奥，收集了越来越多的样品，用于确定斯卡利亚石灰岩中磁场反转的相关信息，以便与伊莎贝拉通过有孔虫研究得出的历史年代相匹配。有时，伊莎贝拉会来和我们一起工作。她向我们展示了如何识别白垩纪和第三纪之间的界线，她在多年前还是一名学生时就已经确定了这一界线。她可以用一个手持放大镜看到几乎灭绝的有孔虫。这些有孔虫数量丰富，有些像白垩纪岩层顶部的砂粒一样大，但只有最小的有孔虫才存在于第三纪的第

---

① Lowrie，W. and Alvarez，W.，1981，One hundred million years of geomagnetic polarity history：Geology，v. 9，p. 392 - 397.

一层岩层中。

比尔和我学会了自己识别 KT 界线。当我们在亚平宁山脉一片又一片裸露的岩石之中追寻这个关键时间点时，我们开始怀疑它的重要性。为什么有孔虫几乎灭绝了？是什么导致了这次灭绝？为什么这么突然？在古比奥，我们发现的每一片新的裸露岩石中，在含有白垩纪有孔虫的最后一层岩层和含有第三纪有孔虫的第一层岩层之间都隔着大约一厘米厚的黏土，其中没有化石。①这层黏土和灭绝之间存在某种关联吗？

我们邀请阿尔弗雷德来拉蒙特-多尔蒂讲学。他强调，在古比奥石灰岩中，KT 界线保留下来的海洋微型化石——有孔虫的化石证明了它们的灭绝时间与恐龙灭绝的年代差不多。越是想到 KT 界线，它就越让我着迷。

我清楚地记得，在阿尔弗雷德演讲后不久的某一天，我在拉蒙特的广场上散步，充分意识到这是一个世界级的科学问题。作为科学家，我们所做的很多工作都是去详细说明已经基本被解决的问题，或者将标准技术应用到新的具体案例中。但偶尔也会有一个问题为取得重大的发现提供了机会。选择什么样的问题和解决什么样的问题是科学家所要做的关键战略决策。KT 界线大灭绝的问题看起来像是一个打开新世界大门的问题。当我散完步的时候，我已经决定去尝试解决它。

---

① Luter-bacher，H. P. and Premoli Silva，I.，1964，Biostratigrafia del limite cretaceo-terziario nell'Appennino centrale：Rivista Italiana di Paleontologia e Stratigrafia，v. 70，p. 67 - 128，Fig. 3. 首先提到了 KT 界线的黏土层。

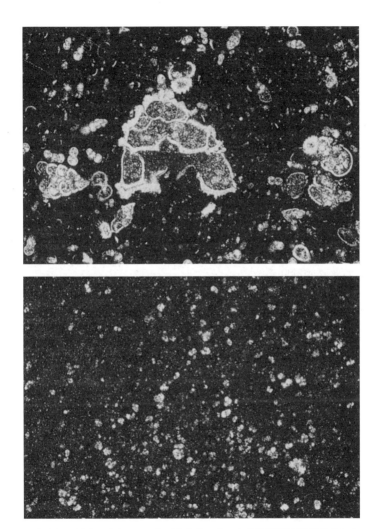

古比奥的浮游有孔虫在 KT 界线时代濒临灭绝。上方的显微镜照片显示了白垩纪最后一层岩层中直径达 1 毫米的有孔虫。下方的照片以同样的比例显示了第三纪第一层中小得多的有孔虫。

斯卡利亚石灰岩中所记录的白垩纪有孔虫的消失似乎相当突然，甚至可能是一场灾难导致的。但在20世纪70年代中期，地球历史上发生过灾难性事件的想法令人不安。作为一名从事地质学研究的工作者，我所受的教育告诉我灾变论是有悖科学的。我确实看到了均变论观点对地理学家了解地球历史记录有非常大的帮助，甚至还把它奉为信条。在工作中，人们一直避免提起在地球过去的历史中发生过任何灾难性事件。

但大自然似乎在向我展示一些完全不同的东西。古比奥的那一小块黏土层与地质学中最有用、最受珍视的概念——均变论相冲突。现在，让我们来看看为什么均变论和思考地球历史有如此紧密的联系。

第三章

《圣经》年表与灾变论

在过去的几个世纪里，穿越阿尔卑斯山原始小径的旅行者面临着被河流淹死、被暴风雪冻住或被雪崩掩埋的危险。山川在过去象征着黑暗的峡谷与寒冷的荒野，对路人而言是极其危险的存在。

当科学家们开始研究我们现在所说的地质学时，阿尔卑斯山是怎样形成的成为首要话题。我们知道，这个问题的答案取决于阿尔卑斯山是经过多久形成的。如果人们意识到地球历史是非常漫长的，就会清楚山脉可以慢慢地、逐渐地形成。然而，早期的地质学家自以为然地假定地球只有短暂的历史，因为《圣经》上列出了人类祖先的每一代人，直至追溯到地球的诞生。《圣经》在当时被认为是对历史的准确叙述。在此基础上，盎格鲁-爱尔兰主教詹姆斯·乌舍（1581—1656）确定地球是在公元前 4004 年被创造出来的。

由于可供形成的时间太少，因此像阿尔卑斯山这样的山脉只能被看作是天灾造成的。也许这一观点与旅行者穿越山脉时明显的压抑感产生了共鸣。只要《圣经》上的年表被确信无疑，人们在思考岩石和大地中所记录的历史时，就无法不得出地球过去的变化发生得非常迅速的结论。这种观点后来演变成了灾变论。

除非《圣经》年表的束缚被打破，不然地质学不可能成为一门真正的科学。地质学家把这一突破归功于两位科学英雄。其中第一位是 18 世纪的苏格兰人詹姆斯·赫顿（James Hutton），他被认为是发现地球其实非常古老的功臣；另一位是 19 世纪的英国人查尔斯·莱尔（Charles Lyell），他被认为是"均变论"之父，他提出地球历史上的所有变化都是渐进的。尽管这些传统说法现在看来过于简单，甚至具有误导性[①]，但均变论的观点也是最近才被大多数地质学家和古生物学家接受的。

53

绘制星球地图

赫顿提出的古老地球和莱尔提出的均变论观点为地质学家提供了解决其核心科学问题的工具，使他们能够从科学的角度理解岩石和地形是如何形成的。像阿尔卑斯山这样人类熟悉已久的山脉和像大峡谷这样引人注目的新发现地形不再需要用灾难作为其形成的解释。在很长一段时间内，缓慢的变形和侵蚀更好地解释了地质学家在野外观察到的情况。约翰·缪尔（John Muir）富有诗意但相当准确地将约塞米蒂国家公园的垂

[①] 斯蒂芬·古尔德仔细分析了赫顿和莱尔的作品，看到了他称之为"教科书纸板上的肖像画"的这些人的传统形象背后的东西，发现了更为复杂的思想史。在其作品中，赫顿和莱尔深信不疑的哲学观点引导着甚至控制着他们实地考察的观察结果。

直巨石归因于冰川的缓慢侵蚀，而非外力和灾难："大自然选择了一种工具，不是地震或闪电，也不是暴雨或水流，而是细小的雪花无声地飘落在无数个世纪，是太阳和海洋的后代。"①

古老地球的概念使人们能够正确地看待岩石和地形，但它提出了一个新的问题。地质作用在 46 亿年的地球历史中已经产生了大批复杂而多样的岩石。这些岩石构成了地球的历史记录，遍布全球的农田、沙漠、山脉、丛林和海底。去解读每一种岩石背后所隐藏的历史将是一项艰巨的任务，需要几代地质学家共同努力完成。因此，从 19 世纪开始，地质学家们就开始着手于一项显然是必要的工作：测量和描绘整个地球表面的岩石，并将其分布绘制在详细的地图上。这将是理解地球历史的基础。

测绘一个地区的精确地质地图，显示所有不同类型岩石的位置及其几何关系，是一项具有挑战性也颇有回报的任务。它能使地质学家在绘图方面变得非常熟练。我自己也做过几张不同比例的地质图，我对它们感到自豪和高兴。

最近几十年，在人类对地球历史越来越详细的研究过程中，系统性的地质测绘带来了巨大帮助。测绘工作中有不少重

---

① Muir, J., 1894, The mountains of California：Century, New York, chapter 1., reprinted in Muir, J., 1992, The eight wilderness discovery books：Diadem, London, 1030 p. 因为论文第 301 页的这段话，我一直认为缪尔是一个均变论支持者。但最近肯·德费耶斯向我指出，在另一种场合，他被误认为是一个支持灾变论的人，因为缪尔将山上的斜坡解释为被大地震震出来的。

大发现。例如，研究阿尔卑斯山的地质学家意识到，厚重的岩层沿着名为逆冲推覆构造的断裂带被高高推起，直达形成更晚的岩石层上方数十千米。[1]地质测绘工作还带来了巨大的经济效益，因为地质测绘工作让人们发现大量的石油和矿藏。毫不夸张地说，20世纪的技术和工业文明是建立在自然资源基础上的，而这些主要是通过地质测绘得到的。

对地质测绘的需求是货真价实的，地质学家任重而道远。但是，随着一代又一代人开展测绘工作，许多人忘记了充分了解地球的最初目的，地质测绘本身成了目标。许多地质学家的愿望是找到一个新的、未经开发的区域，在那里从来没有人绘制过地图。随着这类地区变得越来越稀少，地质学家们转而仔细地观察已知的岩石。

地质测绘是令人满意且很有价值的，但回想一下，在我个人看来，大多数测绘在智力上的需求都是很一般的。当20世纪早期的物理学家一边阅读爱因斯坦所说的"上帝的思想"，一边在探索宇宙尺度上时空的巨大弯曲，并发现了无限小的怪异量子行为时，地质学家正在努力重现古代河流的河道和过去不同时期的海陆格局。相对论和量子力学几乎把物理学家的思想延伸到了临界点，推动他们进入了前人所没有达到的思想世界，并从根本上改变了我们对整个宇宙的认知。

---

[1] E. B. Bailey, 1935/1968, Tectonic essays, mainly Alpine: Oxford, Oxford University Press, 200 p. 很好地讲述了阿尔卑斯山逆冲推覆构造的发现，尤其是其中第四章。

55

与之相比，地质学不过是让学生学习地质测绘的技巧，记住许多复杂的术语，然后派他们去研究、发现更多的岩石中记录的知识。

然而，我们可以发现，地质测绘是一项投资，正在带来巨大的利益回报。物理学可以通过把复杂的问题变为更简单的组成部分而迅速得出重大发现，因为物理学研究的是自然的基本定律，这些定律不会随着时间的推移而改变，也不会变得更复杂。而地质学试图了解地球。地球已经发展了 46 亿年，在岩石的记录中积累了越来越多的复杂性，这些复杂性是由地质演变带来的。一个半世纪的地球测绘取得了对岩石记录的详细知识，也让地质学成为一门成熟的科学，让地质学家熟练地应对地质演变的复杂性。这或许是引领这门科学进入 21 世纪的最好准备。

冒险的诱惑

当我进入普林斯顿大学求学的时候，我的研究生伙伴们正在绘制加勒比海地区的岩石地图。这是哈里·赫斯（Harry Hess）教授研究计划的一部分，我对他们在野外探险的故事很感兴趣。埃尔德里奇·穆尔斯（Eldridge Moores）后来在板块革命中有了重大发现并成为美国地质学会主席。他讲述了和赫斯教授试图开车前往海地南部多山半岛的痛苦经历。在一场午夜的倾盆大雨中，他们的吉普车在一条布满寄生虫的河里抛锚了，而伏都教的鼓声在河岸边的村庄里不祥地响着。杰克·洛克伍德（Jack Lockwood）的职业生涯在于帮助人们避开世界各地活火山的危害。他刚结束南美洲北端瓜希拉半岛的旅途回来，满脑子都是关于与那片偏远沙漠荒野中的印第安人一起生活的故事。我也想做这些事！

赫斯教授同意让我在他的加勒比项目工作，野外地质学为我提供了我所希望的所有冒险。在瓜希拉半岛测绘了两个季度后，一次幸运的相遇让我与一个名叫米莉的心理学研究生相识。米莉和我一样热爱旅行和冒险。我们在瓜希拉没有公路的沙漠里度过了一段甜蜜时光，当时我正在绘制一张这一特定地区的详细地图。我们睡在罗伯蒂科·巴罗索交易站的后房里，或是地图上找到的营地旁的吊床上。我们说西班牙语，并从我们的队友卢乔·雷斯特雷波那里学了一点瓜希罗语。我们还一起弹吉他，唱着哥伦比亚和委内瑞拉的歌曲，然后动身去研究一种很快就会消失的生活方式。我们研究了统治半岛的传统印第安法律和瓜希拉部落的图腾，对古代人的世仇和毒箭的使用进行了解。我们开着路虎横穿沙漠，沿着岩石般的阿罗约山前行，水桶里装满从水磨打来的或多或少可饮用的水，跟印第安人与走私者通宵达旦地聊天、唱歌，并喝着热啤酒，每个月进城一次寻找补给。也许我的博士论文在科学层面不是很有挑战意义，但它成功填补了世界地质图的一处空白。这次冒险也令我难以忘怀。

把握现在是发掘过去的关键

作为地质专业的学生，我们学习野外测绘的技能，汲取前人的经验，致力于观察缓慢渐进的过程。我们对自己的领域能够给整个人类的科学发展做出贡献而自豪。这一贡献不是发现地球的古老历史，也不是发现进化论，而是提出了均变论。

表达均变论的一种方式是"把握现在是发掘过去的关键"这句话。它听起来有点含糊其词，但在许多情况下是合理的。它意味着如果你想了解一个古老河口的沉积物以及河里的泥质岩层、波纹状砂岩和穿过河床的洞穴，那么你应该去研究一个像旧金山湾这样的现代河口，涉水穿过泥流，测量潮汐流动时河砂中的波纹，以及找出蛤蜊在哪里挖洞。①均变论的思想符合人们对一个宁静而平和的地球的偏爱，因为地质学家能观测到并且告诉他人的只有宁静而平和的现象。地质学家遵循均变论的指引，坚信把握现在是发掘过去的关键，在解释各种古代沉积矿床方面取得了很大进展。这是一个优秀的研究策略，让人们发现了许多新的事物。

均变论还有第二个含义。承认把握现在是挖掘过去的关

---

① 这种研究地质现象的方法被错误地称为"现实主义"。"现实"这个抽象的词指的应该是"现在"的意思。

键，并意识到在近期的人类历史上没有真正的重大灾难发生——没有比大地震或火山爆发更严重的事情发生。这让地质学家们相信，自古以来，灾难在影响地球历史进程上没有起到任何作用。①

大自然从不会飞跃

早在 1800 年前后，古生物学家就已经得出了一个确定的结论：从观察的意义上讲，化石的种类会随着我们研究的沉积岩的年代不同而"进化"。早期的古生物学家注意到，在某一层沉积岩中，找到的化石种类发生了突然的、戏剧性的变化。他们发现这种突变的情况很容易辨认，因此可以作为边界来划

---

① 斯蒂芬·古尔德在他的知名著作（Lyell, C., 1830 - 33/1990 - 91, Principles of Geology, reprint of the 1st edition：Chicago, University of Chicago Press, v. 1 - 3.）中阐述了莱尔是如何使地质学家相信地球的历史是缓慢的、渐进的且平和的理论。在他的理论中，莱尔对两个完全不同的概念使用了"一致性"这个词（"一致性"是莱尔自己的术语，"均变论"是后来才发明的词）。莱尔对一致性的第一种解释是自然法则不会随时间而改变的概念。这是所有科学家都相信的，也是科学的基础，地质学家对此并无异议。然而，莱尔也用"一致性"来看待地球历史。这在他同时代的人看来是极具争议的，我们现在也知道这确实是错误的。莱尔相信速率的一致性，或者说是均变论，认为地球过去的任何事情都不会比现在发生得快得多；在状态的一致性方面，认为地球过去的状况一直和现在差不多。通过将速率和状态的一致性与自然法则的一致性这一无争议的观点混淆在一起，莱尔让同时代的学者接受了这些基本上不正确的观点，并将其作为均变论的神圣教条传给了未来的地质学家。

分地球的某两段历史。例如,化石记录中时间最晚的巨大突变被用来确定白垩纪和第三纪之间的界线。

作为对地球历史持均变论观点的一部分,莱尔认为化石所记录的生物变化速率一直保持不变。然而,白垩纪最上层岩层找到的化石和最下层的几乎完全不同,这给莱尔提出了一道难题。他被迫得出这样的结论:在过去很长一段时间内没有任何化石记录,人们至今没有发现这段时间内的沉积物,所以就算生物变化速率缓慢,发现的化石也会有巨大差别。他认为,在 KT 界线期间,至今没有相关化石记录的时间比有化石记录的时间长很多。[①]最终,他得出了生物变化速率是均匀的结论。在莱尔死后很久,人们才开始对 KT 界线上有薄层黏土的古比奥石灰岩进行研究。莱尔的历史观是薄薄的黏土层比上方几百米厚的第三纪岩层代表着更多的时间。我不知道要是莱尔看到古比奥的这些岩层会怎么想。

直到 19 世纪中叶,没有人知道为什么化石能记录生物进化。取得突破性进展发生在 1858 年,当时华莱士和达尔文几乎同时独立地提出,进化是通过对有利的遗传性状的自然选择实现的。这种解释在很大程度上一直延续到现在,概括在了"适者生存"这句话里。尽管华莱士首先发表了论文,但达尔文提供了更加确凿的详细证据,因此受到更多反对者的怒斥,也靠着这些理论赢得了更多声誉。

[①] Lyell,C.,1830-33/1990-91,op. cit.,v. 3,p. 328.

达尔文和莱尔在进化论的形成过程中互相起到了有趣作用。达尔文在1831—1836年乘坐"小猎犬"号游轮环游世界的长途跋涉中，受到了莱尔的著作《地质学原理》（*Principles of Geology*）的影响，当时达尔文正在进行考察并最终得出了进化论观点。[1] 当他开始撰写自己的经典著作《物种起源》（*The Origin of Species*）时，他将莱尔的均变论作为进化论的一个关键原则。达尔文在其理论中构建的均变主义思想的缺陷立即被T. H. 赫胥黎发觉，此人是达尔文的坚定支持者，后来被称为"达尔文的斗牛犬"。他写信给达尔文："你毫无顾忌地使用'大自然从不会飞跃'这句话，可能给自己带来不必要的麻烦。"[2] "大自然从不会飞跃"——大自然不会突然地发生剧变，无论如何，这句话始终是达尔文理论的中心原则，并强烈地影响了古生物学的思想观念，直到如今。在大多数地球科学家看来，大自然是一个平静的、状态稳定的主体，其中的灾难和不寻常的现象都是很少发生的。

均变论的漏洞——斯波坎洪水

然而，在一个值得铭记的事件中，均变论受到了异见者的

[1] Browne, J., 1995, Charles Darwin: voyaging: Princeton, Princeton University Press, 605 p., esp. p. 186-190.

[2] Quoted by Gould, S. J., 1982, The panda's thumb: New York, W. W. Norton, 343 p. (p. 179).

威胁。这个威胁出现在 20 世纪 20 年代。当时，芝加哥大学的
J. 哈伦·布雷茨（J. Harlen Bretz）描述了华盛顿东部斯波坎
附近一个被命名为"疤地"的巨大干涸河道网络。它看起来像
是布满裂纹的沙漠中的河谷，但要大得多。布雷茨说，这些河
道是在冰河时期被来势汹汹的灾难性洪水冲刷出来的。灾难性
洪水！这看起来一定是《圣经》中灾难的体现。布雷茨承担了
来自均变论支持者的全部压力，因为连从未去过华盛顿的地质
学家都站出来反驳了他的看法，认为任何形式的巨大灾难都是
不科学的胡说八道。①

　　公平地说，布雷茨无法说出这场突然发生的灾难性洪水是
从哪里来的，所以确实让人怀疑。但是约瑟夫·托马斯·帕迪
（Joseph Thomas Pardee）找到了位于蒙大拿州米苏拉上方山
腰上的滩线，一处在"疤地"上游高高的线条。正确的解释
是，这是一个巨大湖泊的滩线，而这个湖泊曾经填满了一个被
冰川暂时堵塞的深谷。②20 世纪 40 年代，帕迪的研究表明，随
着冰川融化，米苏拉冰川湖的冰坝已经破裂，释放出一股巨
大的水流，灾难性地流向了下方地区。

　　然而，均变论的支持者制止人们接受斯波坎洪水的真实
性，直到二十多年后人们在火星的太空探测器图像上发现了类

---

① 斯蒂芬·古尔德（1982，op. cit., chap. 19.）讲述了布雷茨以及华盛顿东部
　　发生过的大洪水的故事。

② Baker，V. R., 1995, Surprise endings to catastrophism and controversy on
　　the Columbia. 贝克尔讲述了帕迪的故事。

似的疤地。在 1965 年，一个国际地质学家小组对现场证据进行了一次新的调查，证明了布雷茨的说法是正确的。83 岁时，布雷茨在旅途中收到了人们发来的贺电，上面写着："我们现在都是灾变论的支持者了。"①

尽管表面上偶尔会发生分歧，可在 20 世纪中叶，大多数地质学家仍然是均变论支持者，很少有人试图解读或真正理解莱尔。我们只知道，他是地质学的奠基人，我们的学科的既定智慧是在地球的过去历史中没有发生过真正的巨大灾难，这是当时的思维定式。20 世纪 60 年代中期，我和米莉在瓜希拉半岛露营，我准备了一张刚入门的地质学家需要的地图。

63

"双子座"、"阿波罗"和太空探测器

我记得 1965 年 8 月，在瓜希拉的一次严重干旱中，当时的一切都显得非常魔幻现实主义。回想起来，那时的场面似乎有着奇怪的象征意义。那是每年在塔帕拉胡因贸易站举行的节日。人们从各地赶来，在一起唱歌跳舞。教区牧师从一百千米外赶来，给新生婴儿施洗，并祈祷下雨。第二天下了一点雨，大家都很高兴，尤其是牧师。第二天晚上，米莉和我去参加塔

---

① Baker，V. R.，The Spokane Flood controversy，chap. 1，p. 14，in Baker，V. R. and Nummedal，D.，1978，The Channeled Scabland：NASA Planetary Geology Program，Washington，DC，186 p.

帕拉胡因附近的一场葬礼，看看瓜希拉人是如何哀悼死者的。葬礼准备了许多烤羊，不少当地人都来了，在星空下围着一个新造的棺材哭泣。我们渐渐参与到各种活动中去。我们偶尔会收听短波收音机，收听"双子座"5号飞船发出的信息。戈登·库珀和查尔斯·康拉德穿过夜空，在地球外围转着，因为美国航天局准备实施登月计划。这让人产生了一种不快的对比，它似乎象征着人类历史的重大转变。很快，瓜希拉人的生活方式会像世界各地许多传统的生活方式一样彻底消失。干旱没有终止，许多印第安人迁往马拉开波市。随后，一座巨大的煤矿开矿并铺设了一条铁路，将煤炭运往瓜希拉海岸的一个港口。尽管上述一切花了很多年时间，但强烈的对比确实也象征着地质学观念的变化，我的科学观即将彻底动摇。太空计划继续在地球轨道上进行。1968年的平安夜，"阿波罗"8号环绕月球飞行，搭载着弗兰克·博曼、吉姆·洛弗尔和比尔·安德斯。这是有史以来第一批摆脱地球引力束缚的人类。在对地广播中，他们描述了月球荒芜的景象和返回地球时看到的绿洲家园的景象。这两种景象之间产生了令人难忘的强烈反差。他们诵读了《圣经》里的《创世纪》第一节——"起初上帝创造了天地……"这是献给这个厌倦了战争的国家的圣诞礼物。

"阿波罗"8号宇航员俯视月球时，看到了数不尽的陨星坑，到处都是，甚至有些地方完全被陨星坑覆盖。几个月后，当其他宇航员真正做到在月球上行走时，他们收集了月球土壤的样本，全都是破碎的岩石碎片、撞击中熔化的球体以及坑坑洼洼的微小陨星。通过对这些样本的研究，我们非常清楚地发现，覆盖在月球表面上的陨星坑是由小行星和彗星的撞击造成的，也就是均变论支持者所否定的那种灾难性事件。不久，无人探测器从其他行星和卫星发回的图像清晰地表明，这种撞击是太阳系的常态，并非月球独有的例外。在这几年后，地质学逐渐从一门只研究地球的学科发展到开始研究宇宙星空。地质学家被来自众多行星和卫星的数据所淹没，以至于很难记住所有的行星和卫星。但大部分的星体表面都布满了陨星坑。

吉恩·休梅克是月球地质勘探和太阳系大部分无人研究领域的领军科学家。在其他地质学家开始对月球产生兴趣之前，吉恩就在科罗拉多高原晴朗的天空中，利用他的勘测望远镜对月球进行夜间研究。那时，美国地质调查局派他去进行实地测绘。他证明了陨星坑的撞击来源。他在弗拉格斯塔夫市建立了地质调查局的天体地质学分部。由于身体健康缘故，吉恩·休梅克没能成为第一个在月球上行走的地质学家，但这不妨碍他被誉为撞击地质学之父。

吉恩可能已经预料到，在地球科学家发现整个太阳系的岩石行星和卫星都被撞击坑所覆盖之后，均变论的观点已经无法解释这种现象。地质学应该从研究单个行星转变为研究更多行星的科学，因为几乎所有星球上都有灾难性撞击发生的证据。可具有讽刺意味的是，这种观念的转变并没有发生。相反，均变论变得更加强大。绝大多数地质学家基本上忽略了月球和其他天体上的发现，因为这个重大发现被一个更惊人的发现所征服了。

这项发现对均变论完全有利，那就是板块构造的革命性理论。①

板块构造理论中均变论的胜利

直到 20 世纪 50 年代，大多数地质学家仍认为大陆从古至今一直处于现在的位置。古代海平面的垂直上升或下降的记录始终是确凿无疑的，因为珊瑚礁、砂石等海岸沉积物都可以证明这一点。然而，这些古代海平面的标志却被发现于大山的高处或大地的深处。大陆板块曾经发生垂直运动的观点被地质学家所接受，并成为他们试图搞清楚的关于地球历史的一个核心问题。

大陆板块水平运动的可能性被否定了，因为地质学家很少能找到可以为古代大陆板块发生过水平运动提供证据的标志。20 世纪 20 年代，德国气象学家阿尔弗雷德·韦格纳（Alfred Wegener）对大陆板块位置一直是固定的这一公认观点提出了质疑。他认为南美洲和非洲相似的海岸线确实为水平运动提供了证据。他认为这些大陆曾经一定是连在一起的，后来因大陆漂移而分开。②韦格纳试图把现在的大陆重新组合成一个巨大

---

① 厄休拉·马文（Ursula Marvin）首先认识到并探索了板块构造的均变论特征，以及它是如何压制行星和卫星上明显的灾难性撞击的证据的，参见：Marvin, U. B., 1990, Impact and its revolutionary implications for geology: Geological Society of America Special Paper, v. 247, p. 147 - 154.

② Wegener, A., 1929/1966, The origins of continents and oceans (translated from the German by J. Biram): New York, Dover, 246 p.

的整体，他称之为"泛大陆"，意思是"所有的土地"。在他试着重现泛大陆时，这些大陆板块的形状不仅能够拼凑在一起，而且还有许多地质特征，例如古代冰川沉积物，也能被拼在一起。这就像是在寻找吻合的拼图。但大多数地质学家要么选择无视，要么嘲笑韦格纳和他的理论。选择无视他的理由是，韦格纳的出发点一定是错的。漂流的大陆会像轮船一样在深海中翻滚，地质学家们拒绝相信这种事情。然而，这种现象从物理角度看其实是可能的。

直到 20 世纪 60 年代末，板块构造革命席卷了地质学领域，大多数地质学家才相信大陆的位置不是一直固定不变的。[①]海洋地壳磁场反转图确凿地表明一些海洋的面积正逐渐变宽，新的海洋地壳形成于大洋中脊，深处的地幔岩在那里升起和冷却。最新的关于地震位置的精准测定显示，在火山线附近以深沟为标志的地方，古老的海洋地壳正在返回地球深处，这导致一些海洋的面积在逐渐缩小。地球物理学家认识到，地幔被分成许多块，每一块相对其他块而言都在移动，并携带着上方的大陆一起移动。过去的板块运动甚至可以被计算出来。韦格纳对大陆漂移的看法是正确的，只是大陆本身并没有移动，它们是随着地幔的分离而被带动的。地幔缓慢地翻滚着，

67

---

① Cox, A., ed., 1973, Plate tectonics and geomagnetic reversals: San Francisco, W. H. Freeman, 702 p.; Allègre, C. J., 1988, The behavior of the Earth: continental and sea-floor mobility: Cambridge, MA, Harvard University Press, 272 p.

就像一锅炖着的浓汤表面有一层油，它的内部热量在溢出。

板块构造的发现给地球科学注入了新的活力。突然之间，在一个大陆上工作的地质学家有理由去对其他大陆感兴趣，因为如今相隔甚远的大陆可能曾经是相邻的。人们也对海洋深处进行了深入勘探。大陆边缘的沉积物和山脉上变形的岩石，被重新解释为扩张或收缩的海洋和大陆碰撞造成的结果。本来相当平凡的地质学突然转变成 20 世纪 70 年代最具活力的学科。在一个多世纪对地球详细测绘的过程中获得的种种知识在这一刻终于得到了回报，因为这些知识无形中让人们验证了一个在测绘中从未想到的理论。

参与板块构造理论革命的地质学家很少会忘记这些新发现带来的兴奋感。几乎所有的地质学家都参与其中，因为对板块构造的研究与地质学的每一个方面都有所关联。板块运动已经持续了至少 10 亿年，它们造成的影响已经以某种方式保留在了地球上的大多数岩石上。人人都有机会大显身手，十多年来新的发现层出不穷，吸引了世界各地地质学家的注意。

数以百计的地质学家来到野外，从板块构造的新视角观察岩石，然后取得对地球的新看法。同时，具有讽刺意味的是，登月——在另一个世界的第一次地质勘探——在很大程度上被忽略了。地质学家杰克·施密特（Jack Schmitt）和几名受过地质学训练的宇航员登上了月球。同时，一小群科学家研究了月球样品和行星空间探测器的图像。他们认识到在整个太阳系中彗星和小行星的撞击是确凿无疑的事实。

既然灾难性的撞击是真实存在的，那么否认这一事实的均变论就应该走向消亡，或者已经消亡。但是大多数地质学家没有注意到这个问题。人们被更令人兴奋的板块构造发现所淹没，而板块构造论的核心概念是逐渐变化。海洋如此之宽，搭乘喷气式飞机穿越一片大洋需要数小时。在数千万年的时间里，海洋的高度以每年几厘米的速度增长，大约等同于指甲生长的速度。板块构造论是可以想象的最为符合均变论的理论之一。对于月球和行星灾难性撞击的证据，专注于板块技术突破的地球科学界几乎完全置之不理。板块构造的革命性胜利更是强化了所有存在已久的均变论观点。此时，遍布整个太阳系的陨星坑暂时还没有办法让均变论消亡。

恐龙灭绝的均变论观点

20世纪70年代中期，板块构造理论引发了大量的地质研究。正如上一章所述，当比尔·劳里和我去亚平宁山脉时，我们的想法是收集古地磁数据来验证板块构造的理论，测试亚平宁半岛是不是旋转的微型板块。我们的计划没有成功，但我们发现可以确定磁场反转的发生时间，这是确定海底扩张和板块运动年代的关键。当我们逐渐熟悉古比奥的KT界线并开始研究它时，我开始思考与板块构造完全无关的问题：为什么KT界线发生了大灭绝？为什么几乎所有的有孔虫都灭绝了？为什么连恐龙也消失了？

我在大学以及研究生院读书时对恐龙的灭绝知识了解不多。大灭绝当时并没有被认为是一个值得讨论的问题，几乎没人注意到这一领域。1886年，密歇根大学地质学和古生物学教授亚历山大·温切尔（Alexander Winchell）用戏剧性的散文回避了这个问题："更高级的生物即将来到这个世界。爬行动物王朝的丧钟响起，成群的爬虫让位于新的生物。在辉煌的统治过后，它们的时代结束了，如今我们只能从一片废墟中解读过去。"①五十年后，一本教科书写出了不那么模糊的说法："中生代是一个充满考验的时代，许多生物在尝试适应新的生态平衡时都意识到了自身的缺陷。"②

到20世纪70年代中期，人们对恐龙灭绝的描述变得更加详细，反映于当时研究地球历史的人普遍相信均变论观点并认为恐龙灭绝是气候变化或海平面下降所导致的。无论其具体原因是什么，灭绝被认为是渐进发生的，至少花了几百万年时间才完成，因此并不是一个非常重要的议题。每个物种最终都会灭绝。古生物学家说，灭绝是一个持续的过程，各种恐龙在白垩纪晚期相继灭绝，没有留下后代。那时普遍认为，恐龙是逐渐灭绝而不是在大灾变中快速灭绝的。当时的人们这样想也是

① Winchell, A., 1886, Walks and talks in the geological field: New York, Chautauqua Press, 329 p. (p. 252).

② Schuchert, C. and Dunbar, C. O., 1933, A textbook of geology, part II—Historical Geology (3rd edition): New York, Wiley, 551 p. (p. 381).

合理的，因为恐龙的骨骼很罕见，地层记录也很不完整，而且由于保存下来的化石很少，灭绝现象就显得像是逐渐发生的。①霸王龙——最著名的恐龙，彼时也只能通过少数已发现的化石来研究。显然，人们没有找到足够的信息来区分物种是突然灭绝还是逐渐灭绝的。

然而，一位恐龙古生物学家有着不同的观点。戴尔·罗素（Dale Russell）博士来自伯克利，曾在渥太华的加拿大国家自然科学博物馆工作。他仔细研究了恐龙消失的地层记录，认为恐龙的消失源于一次突然性的灭绝。戴尔无法想象有什么来自地球的事件能突然杀死所有恐龙，所以他怀疑是地球之外的原因。戴尔和物理学家华莱士·塔克（Wallace Tucker）早在 1971 年就提出，陨星撞击的威力可能足以杀死地球上的绝大多数生物。②

又是一个对大灾难的假设，与地质学家和古生物学家掌握的知识和经验相矛盾。戴尔的同事们窃笑他，无视他。但是，戴尔·罗素关于地外原因导致物种突然灭绝的观点即将翻身。很快，会有一股新的研究浪潮兴起，把均变论这一地质学理论扫进历史的尘埃中，一去不复返。

① 几年后，古生物学家菲尔·西格纳和杰里·利普斯在一次仔细的分析中证明，对于一次突然灭绝，化石记录越少，灭绝就越缓慢。这被称为"模糊效应"，参见：Signor, P. W. and Lipps, J. H., 1982, Sampling bias, gradual extinction patterns, and catastrophes in the fossil record: Geological Society of America Special Paper, v. 190, p. 291 – 296.

② Russell, D. and Tucker, W., 1971, Supernovae and the extinction of the dinosaurs: Nature, v. 229, p. 553 – 554.

第四章

铱

地理与物理

均变论为回答有关地球历史的问题提供了一个极好的框架。一代代地质学家从他们的老师那里学到了这些理论,并发现在实践中它几乎总是能够对地质特征进行合理的解释。像华盛顿东部的疤地这样需要灾难性原因才能解释的例外,被均变论支持者强行曲解或者直接无视。均变论已成为一种教条。

我花了一段时间才意识到,古比奥 KT 界线的薄层黏土不仅提出了是什么导致大灭绝的疑问,而且似乎也与大多数地质学家的均变论思维方式相矛盾。古比奥有孔虫的灭绝看起来是非常突然的事情。阿尔弗雷德·费舍尔在拉蒙特的演讲强调过,恐龙灭绝与此事是同时发生的。霸王龙也会在普通的灾难性事件中灭绝吗?

在我看来,古比奥的黏土层可能是这一疑问的答案。但在我的手持放大镜和显微镜下,这些黏土看起来非常普通。斯卡利亚石灰岩的大部分地层都是由薄黏土层分隔开的,虽然 KT 界线那里会稍微厚一些,但似乎并没有更多特别之处。KT 界线的黏土层引起我注意的唯一原因是它上方和下方的岩层中的有孔虫是完全不同的。如果古比奥 KT 界线的黏土层中真的有线索,那很可能是地质学家经验和知识之外的东西。我和我的父亲路易斯·W. 阿尔瓦雷斯谈起了物种灭绝的问题。他是加州大学伯克利分校的物理学教授。父亲不仅是实验物理硕士，也是加州大学伯克利分校一个实验室研究小组的组长。这个实验室发现了一大批亚原子分子，并于 1968 年获得了诺贝尔奖。他总是有着广泛的好奇心，并且有能力想出新奇的方法来解决有趣的问题——就像他和他的朋友，埃及考古学家艾哈迈德·法赫里在吉萨用 X 光扫描了卡夫拉金字塔一样。[①]他们原本希望发现一间没被打开的装满宝藏的房间，结果却发现金字塔从头到脚都是坚固的岩石。

父亲起初并不认为地质学是一门有趣的科学，而是我的母亲杰拉尔丁在我上高中的时候让我对岩石产生了兴趣。她带着我和我的妹妹简乘坐火车穿越风景壮丽的西部，到伯克利山的一些地方收集矿物。她到如今仍然喜欢提醒我，我的第一个石锤是从她那里借来的——然后被我弄丢了！

后来，我进入大学学习，然后在荷兰、利比亚和意大利这些地方居住过。我很少见到我的父亲，也不太了解他作为一个科学家的情况。1971 年，我和米莉从意大利回来，开始在拉蒙特做研究员。他对在拉蒙特看到的各种地质和地球物理数据，以及不久前在地质学界变得异常流行的板块构造理论很感兴趣。我们都认为，把他的物理学知识和我的地质学知识结合起

---

① Alvarez，L. W.，Anderson，J. A.，El Bedwei，F.，Burkhard，J.，Fakhry，A.，Girgis，A.，Goneid，A.，Hassan，F.，Iverson，D.，Lynch，G.，Miligy，Z.，Moussa，A. H.，Sharkawi，M.，and Yazolino，L.，1970，Search for hidden chambers in the pyramids：Science，v. 167，p. 832 - 839.

来会很有趣。我们在电话里谈了很多次，想出了一些巧妙的岩石年代测定方法。我们以为我们的想法是新的，但不幸的是，已有其他人捷足先登，还发现为什么这些想法没法实现。然而，这还是激起了我们合作的欲望。

用铍测量莱尔的难题

1976年，我把注意力集中在KT界线的大灭绝上，并开始和父亲讨论这个问题。关于古比奥的黏土层，我们可以提出哪些具体问题？我们能进行哪些有用的测量？

我指出，知道黏土层的沉积需要多长时间是很有价值的。黏土的快速沉积可能意味着灭绝事件的突然发生，而缓慢的沉积可能意味着一种渐进的变化。虽然我们当时没有意识到，这其实是把查尔斯·莱尔的老问题用现代的方式表达出来。正如第三章所讨论的那样，莱尔在1830年就指出过白垩纪顶层化石与第三纪底层化石的区别要大于第三纪底层化石与现存动物的区别。在均变论思维定式的控制下，他只能得出这样的结论：在KT界线的地层中没有记录的时段比整个第三纪的时段还长。到1976年，这一点被证实为明显的错误。放射性元素断代虽然还没有广泛应用，但把KT界线限定在大约6 500万年以前，允许出现的误差也不会超过几百万年。在很短的时间间隔内，物种发生了巨大变化，就意味着发生过一次大灭绝。

莱尔的极端均变论观点是错误的。

古生物学家知道这一点，但他们仍然可以把 KT 界线大灭绝解释为是在几百万年的时间内逐渐发生的。然而，比尔·劳里和我以及阿尔弗雷德的团队，已经证明古比奥的斯卡利亚石灰岩记录了所有已知的海洋盆地磁条带的磁极带。包含 KT 界线的反极性区域大约只有 50 万年，和预期的厚度一样，显然表明 KT 界线的时间不到 50 万年，甚至不超过 10 万年。

在地质时间尺度上，这次大灭绝可以说是突然发生的。但是，在人类的时间尺度上，它也是突发的吗？我们需要测量 KT 界线的黏土沉积速率：它是在一年之内沉积的，还是在千年之内沉积的呢？父亲想出了一个办法，他建议我们测量同位素铍-10 在 KT 界线黏土中的丰度。铍-10 有 4 个质子和 6 个中子，具有放射性，半衰期短。高能宇宙射线（星系中快速移动的原子核）撞击空气中的氧和氮，会将它们分解成更小的碎片，其中包括铍-10 原子核。这些新生成的原子可能会被吸收到古比奥 KT 界线的黏土等沉积物中。黏土层代表的时间段越长，它所含的铍-10 就越多。科学家公布的铍-10 半衰期为 250 万年，看起来刚刚好。足够快，快到可以让 KT 界线之前的原子消失而不混淆；也足够慢，慢到可以让至少一部分与黏土层同期的原子仍然存在。如果我们可以测量铍-10 的含量——假设 6 500 万年前的产生速率和今天一样，并修正从那时起的放射性衰变，就有可能计算出黏土层代表的时间段。

父亲知道谁能测量铍-10，帮我联系了伯克利的年轻物理学家理查德·穆勒。他在父亲的指导下取得了博士学位，刚刚发明了一种测定岩石和其他旧物质年代的新技术。理查德已经意识到，回旋加速器——一种能把原子核加速到极高速度的原子加速器可以作为一种超灵敏的质谱仪，用来测定一种元素的不同同位素的丰度。这比以前的其他办法都好用得多。从那以后，使用加速器质谱仪测定年代的方法被广泛使用。理查德在这方面的进展以及其他几方面的成果为他赢得了麦克阿瑟天才奖、德州仪器奖和美国国家科学基金会的沃特曼奖。

理查德计划好了要去纽约旅行，所以在 1976 年 12 月，他才到拉蒙特来拜访我。他给拉蒙特的科学家们做了一个关于加速器年代测定法可行性的演讲。我则向他展示了一个仓库，里面装满了来自世界各地的海底沉积物岩芯。后来我们沿着悬崖边的栅栏徒步旅行，俯瞰哈德逊河，讨论如何将物理学应用到地质问题上。这是我们两人长久友谊的开始。①

理查德回到伯克利之后，我们通了电话，交换了写满计算公式的信件，计划在 KT 界线的黏土层中测量铍- 10。一切都仿佛步入了正轨，直到我们沮丧地发现已公布的半衰期是错误的。我们认为，它的半衰期实际上只有 150 万年。如今，在过去了 6 500 万年后，地球上几乎已经没有铍- 10 了。也就是说，我们不可能再用铍测量了。于是，项目就这样结束了。科学研究的每一次成功背后都有许多令人失望的经历。

―――――――――

① 在《涅墨西斯：死亡之星》一书中，理查德很详细地讲述了这个故事。

加州大学伯克利分校

距我获得博士学位已经有十年了。我和米莉在南美洲，在荷兰、利比亚、意大利，在纽约等地都居住过。读完博士之后的生活是令人兴奋的，但并不稳定，因此我们开始考虑找个铁饭碗。1977 年，加州大学伯克利分校的地质与地球物理系开出了一个教职。我申请了这个职位，接受了伯克利在职教授的面试，发表了我一生中最重要的演讲，并被邀请加入了教师队伍。每一环节都非常幸运，以至于到现在我仍感到有些难以置信。

与理查德的合作失败只会增加我解开 KT 界线大灭绝之谜的决心。1977 年秋天，我一到伯克利，就开始花时间跟着我父亲和理查德，努力学习更多的物理知识，并且培养他们对地质学的兴趣。父亲已经为新项目做好了准备。他那法老在金字塔里藏宝的梦想已经破灭，寻找新的亚原子粒子的行动也放慢了脚步。他感到有些焦躁不安，因为他总是想着去探询那些巨大的秘密。

我刚到伯克利分校不久，就给了父亲一个来自古比奥 KT 界线的样品，他被吸引住了。我们决定再试一次，去破解理查德和我曾研究过的问题：古比奥的黏土层究竟代表了多长的时间？这场大灭绝究竟有多突然？

为了便于测试，首先要明确地表述一个科学问题。通过分析已有的信息，我们可以在这些信息的基础上得出这样的表述：粉色斯卡利亚石灰岩曾经位于相当深的海底，由90%—95%的碳酸钙构成。一部分碳酸钙来自海洋，其余的碳酸钙则由浮游海藻分泌的极小的微粒构成，只有用高倍显微镜才能看到。斯卡利亚岩石的另外5%—10%是黏土微粒。这些黏土微粒最初由河流或风输送到海里，然后与有孔虫和球虫一起沉降到海底。KT界线的1厘米厚黏土层则不同——它几乎完全由黏土构成。它不含碳酸钙，也就是说它没有有孔虫或球虫的化石以记录大规模灭绝期间详细的生命历史。

在阐述黏土层代表多长时间的问题时，我们看到了两种可能性。在第一种情况下，黏土沉积的速率保持不变，而石灰石沉积在物种大灭绝期间停止——可能是因为物种大灭绝导致只剩下很少的有孔虫和藻类来产生碳酸钙。在这种情况下，需要几千年才能沉积出黏土层。在第二种情况下，碳酸钙的沉积会不间断地持续下去，而在某一段时间内，变得更活跃的河流侵蚀或更强烈的风暴也会向海洋供应更多的黏土。在这种情况下，黏土层可能只代表几年的时间。石灰石的沉积速率和黏土的沉积速率，哪一个是恒定的？

现在，问题已经明确地表述出来了：黏土层代表的是几年还是几千年？破解它的形成方式也会告诉我们一些关于灭绝事件的有趣事实：那些产生石灰石的生物是销声匿迹了几千年，还是在几年的黏土沉积中变得异常活跃？

铱

我们该怎么解答这个问题呢？我们需要在斯卡利亚石灰岩和黏土层中找到一种以恒定速率沉积的物质，然后就可以开始计算黏土层所代表的时间段。前年，父亲曾经建议我们使用铍-10，因为它在大气中以恒定速率形成。现在，他有了一个类似的新想法：陨星尘埃的沉积速率是不变的。偶尔落下的大陨星确实没有规律可言，但来自外太空的微小陨星尘埃极少量而不断地落在地球的每一处。如果可以测量黏土层和斯卡利亚石灰岩里的陨星尘埃，我们就能知道黏土层所代表的时间段。

可这东西非常罕见！偶尔有微小的陨星尘埃落在你的手上或头上时，你甚至不会注意到。我们知道没有办法从古代沉积物中提取陨星尘埃并对其称重，但是有一种化学方法。父亲认为，我们可以分析黏土中的一种铂族元素。[①]这些元素在陨星中并不丰富，可其数量仍足以测量。如果把地球作为一个整体，那地球所含的铂族元素与陨星所含的铂族元素的比例大致相当，因为它们都是由尘埃和气体组成的漩涡云冷凝之后形成的。只是地壳和沉积物中铂族元素的含量远低于陨星。这是因

81

① 　六种铂族元素（钌、铑、钯、锇、铱和铂）在元素周期表上集中在一起。它们在太阳系中都很罕见，而且表现出相当相似的化学反应。

为这些元素会被铁吸收，而地球内部有巨大的铁芯，地球上的铂族元素肯定集中在那里。于是，地球表面沉积物里的铂族元素被强硬地吸走，以至于用最灵敏的技术几乎都检测不到它们。

我们推断，经过数千年的缓慢积累，陨星尘埃多半是斯卡利亚沉积岩中铂族元素的主要来源。如果黏土层已经沉积了几千年，它就有足够时间积累一定量的铂族元素；但如果它在几年内迅速沉积，那基本上就不会有这些元素了。

根据他的物理知识，父亲认为中子活化分析是最合适的技术。而在他研究完六种铂族元素的性质后，发现铱显然是最有效的。我们很幸运，因为弗兰克·阿萨罗也在劳伦斯·伯克利实验室工作。弗兰克是一位核化学家。多年前，他为研究古代陶器开发了中子活动分析技术，我们希望他能帮忙测量铱。于是，父亲和我去拜访了弗兰克。

弗兰克·阿萨罗

为了理解弗兰克的分析工作，我们需要再次改变使用的单位，就像在第二章中将时间单位从"年"转换到"百万年"时所做的那样。当像弗兰克这样的化学家分析岩石样品时，每一种元素都被测量并分析为整个样品的一部分。对于"主要元素"，这个比例用百分数表示，意思是百分之几。例如：一块特定的岩石可能含有 5.6% 的铁。除了要对主要元素外做出详

第四章　铱

细的分析，还会测量一些"微量元素"。这些微量元素非常罕见，以至于要以十亿分比来表示，也称为 ppb。最先进的分析技术（如中子活化分析）可以测量微量元素的十亿分比含量。这里需要一些类比来解释微量元素的浓度：地球上的人口大约是 50 亿，所以每 5 个人即 1 ppb。我就是这样理解 ppb 所代表的数值是多么微小的。

你可能会问为什么有人会关心如此低含量的元素。这是因为地球化学家已经发现，稀有的微量元素就像犯罪现场的嫌疑人指纹一样可以揭示过去事件中最重要的部分。我们当时对此并不十分了解，以下则是弗兰克测量铱的方法。

83

像弗兰克这样的科学家如何测量 ppb 的浓度呢？中子活化分析是如何进行的呢？假设全世界所有人聚集在一片广阔的平原上，而你想知道在特定某一天的特定某一秒间隔内，出生了多少人。答案是总人口的十亿分之几，这将是非常难以测量的，除非……除非你能安排每个新出生的人都带上一盏强大的探照灯，你则在晚上乘坐气球漂浮在人群之上，通过数光线来计算具体的结果。

这就是中子活化分析的大致原理。将岩石样品置于核反应堆中，用新粒子进行辐射。新粒子会被岩石中的原子吸收，使一些原子不稳定，从而发生放射性衰变。这就是中子活化分析中的"中子活化"部分。当一个不稳定的、被激活的原子衰变时，它会发出伽马射线——一种单光子的强光。来自每个元素的光子都有一种特定的、特有的能量，即该元素的独有标识。

例如，弗兰克有一个探测器，当一束具有激活铱的能量特性的伽马射线通过它时，它就计一次数。这就是中子活化分析中的"分析"部分。弗兰克通过计算光束来分析铱的含量。

其原理不难理解，但分析起来却很困难。过程中犯错和得到错误答案的可能性是无比高的。[1]有各种各样的校准要做，仪器也可能发生故障，而样品污染则是最大的问题。[2]一个人要想做好这项工作，就必须足够小心谨慎，而弗兰克在这方面无人可及。我认为他堪称第谷·布拉赫的继承者。第谷是文艺复兴时期一位孜孜不倦进行研究的丹麦贵族，他对天空中行星位置所做的精确裸眼测量，让开普勒得以确定它们的轨道，之后又让牛顿解开了运动定律和万有引力定律。在生活习惯和言谈举止上，弗兰克一丝不苟，像个冷酷无情的反间谍特工一样。他会找出各种潜在的错误，反复检查每一件事，然后再整体检查一遍。这些特点也使他成为一个强大的对手，他和他的妻子露西尔都是知识渊博的学者。然而，也许是因为人多少得有点缺陷，弗兰克的桌子是我见过最乱的！

显然，这种精细的工作并不适合每个人，但潜在的回报可能是不可估量的。我们今天能够知道是什么灭绝了恐龙，必须

---

[1] 没人能测量出绝对准确的浓度，因此报告的结果会附带写出其分析的不确定性。例如，铱含量的检测结果若是 20 ± 5 ppb，则意味着弗兰克相当确信真正的结果在 15 ppb—25 ppb 之间。

[2] 几年后，我们发现有一整批样品被污染了。污染它们的是技术人员戴着的铂金婚戒中的微量铱元素！

归功于弗兰克·阿萨罗成功进行了这些了不起的测量。

弗兰克彬彬有礼地接待了我们，很有礼貌地听取了我们的想法。他立即告诉我们，他已经和美国地质调查局的安德烈·萨尔纳-武伊齐茨基（Andrei Sarna-Wojcicki）取得了联系。安德烈是一名研究美国西部古代火山灰层的地质学家。[①]安德烈已经意识到铱作为沉积速率指标的潜在价值，并提出要测量土壤中的铱，而这些铱应该来自陨星与土壤的接触。虽然安德烈的项目被搁置了，但弗兰克仍然不同意与我们合作，直到他与安德烈彻底确认两项实验没有重叠。

弗兰克认为他帮不了我们。在 15 000 份考古遗址的陶器碎片分析中，他很少发现铱。幸运的是，他觉得这个想法很有趣，最终同意分析我的 12 个样品。[②]我仔细地挑选了样品，有些来自黏土层，有些来自石灰岩层，有的在偏上的位置，有的则偏下，还有的来自更低层的地方。之所以选择这么多不同位置的样品，是为了方便比较。

---

① Sarna-Wojcicki，A. M.，Morrison，S. D.，Meyer，C. E.，and Hill- house，J. W.，1987，Correlation of upper Cenozoic tephra layers between sediments of the western United States and eastern Pacific Ocean and comparison with biostratigraphic and magnetostratigraphic age data：Geological Society of America Bulletin，v. 98，p. 207 - 223.

② 弗兰克·阿萨罗详细解释了进行第一次铱测量时所考虑的因素以及测量的方法，参见：Asaro，F.，1987，The Cretaceous-Tertiary iridium anomaly and the asteroid impact theory，p. 240 - 242，in Trouwer，W. P.，ed.，Dis- covering Alvarez—Selected works of Luis W. Alvarez with commentary by his students and colleagues：Chicago，University of Chicago Press，272 p.

十亿分之一的意外

1977年10月，我把样本交给了弗兰克，却几个月都没有收到回复。中子活化分析这项技术不可避免的相当费时，必须长时间等待。此外，弗兰克的设备坏了。不仅如此，他还有大量其他的样品需要研究。又过去了几个月，终于在1978年6月下旬，我接到了父亲的电话：弗兰克终于完成了分析，但他发现了严重的问题。他想见我们一面。

父亲和我来到弗兰克的实验室，想看看问题出在哪里。弗兰克给我们看了他的结果。如果黏土层沉积缓慢，我们预计铱的含量约为0.1 ppb；如果黏土层沉积迅速，我们则预计铱的含量几乎为零。我们从未料到弗兰克居然在黏土层中发现了3 ppb的铱——整整3 ppb没有被酸溶解的铱！可以肯定的是，3 ppb仍然是极少量的，但这远远超出了我们所假设的两种情况所能解释的范围。甚至后来弗兰克发现，在样品的酸处理过程中，还有一些铱被消耗了。因此，最终值实际上为9 ppb。

这些铱是从哪里来的？各种可能性很快浮现在我脑海中：它可能来自戴尔·拉塞尔和华莱士·塔克提议用来解释恐龙灭绝的超新星吗？它来自小行星还是彗星？或者可以有一个非灾难的理由来解释吗？也许铱是从海水中沉积下来的？或者地球遇到了星际尘埃和气体云？到底怎样才能解释这些铱的来源呢？

丹　麦

在我们准备花费大量精力去思考和检验假说之前，我们必须要确定铱含量的异常是仅限于古比奥附近的岩层，还是它其实是 KT 界线的一个全球特征，从而成为大灭绝的关键线索。很明显，我们不能立即测出这种异常是否真的是全球性的，但我们认为至少应该在远离意大利的一到两个地方去分析铱。

于是我去图书馆寻找另一个可以研究 KT 界线的地方。有趣的是，当我们知道全世界有超过 10 万个在 KT 界线发现铱异常的地点时，想要再找到一个样本地点却是非常难的。在此之前，几乎不存在对跨越地界的地层学的持续研究——这当然反映了莱尔的老观点，即 KT 界线代表了地球历史上的一个巨大缺口。唯一可行的采样地点在丹麦。那里有一个黏土层，把马斯特里赫特期和达宁期的白垩石灰岩分开，暴露在哥本哈根南部一处叫斯泰温斯的悬崖上。

斯泰温斯崖似乎是我们研究另一处 KT 界线地点的唯一机会。在科学圈生存的好处之一是你可以建立起遍布世界的朋友和同事网络。于是我联系了瑟伦·格雷格森（Søren Gregersen），一位我在拉蒙特认识的丹麦地震专家。他在哥本哈根机场迎接了我。我们和丹麦微体古生物学家英厄·邦（Inger Bang）一起驱车前往斯泰温斯崖，然后爬下悬崖，抵达了黏土层。

很明显，当黏土沉积时，海洋中发生了一些糟糕的事情。悬崖的其余部分是白色的白垩，一种柔软的石灰石，里面充满了各种各样的化石，代表着充满生命的健康的海洋。但黏土层是黑色的，闻起来有硫黄味，除了鱼骨就没有化石了。在这片"鱼骨黏土层"所代表的时间段内，生机盎然的海底变成了一片死气沉沉、缺少氧气的墓地，死掉的鱼在那里慢慢腐烂。像这样的缺氧沉积物在岩石记录中并不少见，通常它们展现了当时的状况。丹麦鱼骨黏土层能代表 KT 界线大灭绝时全世界范围内的海洋灾难吗？铱的测量结果会证明这一点的。瑟伦、英厄和我从黏土层以及其上下的白垩中采集了样本。弗兰克分析了它们，在鱼骨黏土层中发现了异常浓度的铱。

丹麦哥本哈根附近的斯泰温斯崖。斜坡下半段是白垩纪的顶部岩层，上半段是第三纪的底部岩层。

仅根据欧洲的两个地点，我们不能确定 KT 界线中的铱异常是世界性特征，但至少它不是古比奥的地方性特征。这不是一个明确的定义，可我们不知道世界上还有哪里有完整的跨越 KT 界线的地方，不然我们就可以在那里寻找铱了。也许这就是我们能找到的一切。现在或许应该考虑从全球性角度来解释发生这种怪异现象的原因了。

银河系之外

其实有一个现成的解释。也许霸王龙和 KT 界线大灭绝的所有其他受害者都是被来自超新星的辐射杀死的。这一观点已经在科学文献中被讨论过[①]，但始终只是一种推测，而非结论，因为从来没有人发现过 KT 界线存在超新星辐射的任何证据。我们的第一个想法是，古比奥和斯泰温斯崖的铱可能可以提供一个证明。

在我们的正常生活中，没有任何东西能让我们去理解超新星的概念：一颗恒星——另一颗太阳，突然发生爆炸。天文学

---

① Terry, K. D. and Tucker, W. H., 1968, Biologic effects of supernovae: Science, v. 159, p. 421 – 423; Russell, D. A. and Tucker, W., 1971, Supernovae and the extinction of the dinosaurs: Nature, v. 229, p. 553 – 554; Ruderman, M. A., 1974, Possible consequences of nearby supernova explosions for atmospheric ozone and terrestrial life: Science, v. 184, p. 1079 – 1081.

家从来不会像地质学家那样对平静而缓慢的发展表现出一致偏爱，更何况超新星确实是一场壮观的大灾难。

正常的恒星之所以发光，是因为它们中心的氢原子核在释放大量能量的情况下，融合在一起形成氦和更重的元素。能量以光子的形式逸出，光子在恒星内部反弹，维持压力，使恒星不致缩小到更小的程度。当光子最终到达恒星的外表面时，它们会以光线的形式向太空传播，其中一些光线会使地球等行星变暖。

恒星在数百万年乃至数十亿年中都是稳定发光的，但当它们内部的燃料耗尽时就会消亡。到它们大限将至时，就会逐渐暗下来并慢慢消失，有些恒星也会因突然的灾难性事件而消亡。当氢燃料最终耗尽，无法继续维持压力，恒星就会坍缩。如果压力因为意外突然消失，那么坍缩可能会发生得非常迅速。恒星突然失去了支撑，所有物质都会朝着它的中心坠落。恒星内部物质的一部分会从中心的堆积物中反弹，将这些物质猛烈地抛向周围的太空中。恒星的爆炸是如此猛烈，以至于超新星可能会比它所处星系中的其他千亿颗恒星更耀眼！①

一颗超新星会对环绕着它的行星上的生命造成致命影响。但如果没有超新星，生命本身就不可能存在。从大爆炸中产生的原始宇宙几乎全部由氢和氦组成。所有其他元素都是由恒星

---

① 最近的一次"邻近"超新星爆发发生在 1987 年，位于银河系附近的一个星系中。这让人类对恒星爆炸的了解大大增加。相关的科学故事参见：Dauber，P. M. and Muller，R. A.，1996，The three big bangs：New York，Addison-Wesley，207 p.

内部的核聚变形成的。当这些恒星爆炸，其中的元素就会四散入太空。岩石质的地球和我们这些碳基生物基本上是由超新星产生的恒星碎片形成的。超新星使生命成为可能，但如果发生在太阳系附近的某颗恒星上，那将是一场重大的灾难。地球表面将覆盖在危险而致命的辐射中，气候也将受到严重破坏。

幸运的是，太阳系附近的超新星应该在 10 亿年左右的时间里只发生一次，但不太可能发生的事情确实发生了。超新星也许能解释一些难以理解的事件，比如 KT 界线大灭绝。因此，戴尔·拉塞尔和华莱士·塔克在 1971 年提出的观点有其道理——很可能是一颗超新星杀死了恐龙。

这一想法对观测过超新星的天文学家和理解恒星爆炸过程的物理学家来说都是合理的，却让地质学家感到不快。部分原因是在于笃信均变论的传统，但另外一部分原因在于地质学家从未在岩石记录中找到过古代超新星影响的证据。超新星会留下什么样的岩石记录呢？

记录超新星的古比奥黏土层

至少在两个地方，铱的异常含量已经达到大灭绝才会有的水平。这可能是超新星影响的证据吗？所有比氢重的元素都来自恒星并通过超新星爆炸散落在周围的空间。铱就是其中一种元素，所以我们找到的反常的铱可能来自超新星。怎么才能验证这个想法呢？父亲意识到超新星会导致由恒星产生的钚-244以及铱发生沉积，所以我们可以通过分析 KT 界线黏土层中钚-244 的含量来检验超新星假说。钚的这种同位素具有放射性，半衰期为 8 300 万年。自从地球形成以来，已经有太多的半衰期过去了，以至于任何原始的钚-244 都会衰变殆尽。[①] 然而，6 500 万年前 KT 界线中钚-244 的半衰期只过去了一半多。因此，如果钚-244 是由一颗靠近地球的超新星在 KT 界线导致沉积的，则可以用中子活化分析法进行检测。

这时，弗兰克的同事海伦·V. 迈克尔（Helen V. Michel）[②] 加入了我们的小组，帮助弗兰克进行分析工作。海伦是一位熟练的钚化学家，她是在 KT 界线黏土层上进行新测量的领导者。对钚-244 进行中子活化分析要比分析铱的压力大得多，因为操作者必须不停地工作：进行化学分离，并在伽马射线全部消失之前对其计数。所以海伦和弗兰克工作了一整天，然后又工作了一整晚，父亲、米莉和我在一旁给他们端上咖啡和甜甜圈。随着黎明的曙光照进房间，他们终于得出了结果，而且……

KT 界线黏土层中含有钚-244！父亲和我兴奋得几乎要跳上跳下了——太阳系附近的一颗超新星杀死了恐龙！这是一项

① 或者这么说：自大约 46 亿年前地球形成以来，钚-244 经历了 55 个半衰期（约 55×83 百万年）。在每一个半衰期中，最初存在的一半原子会衰变，因此在 55 个半衰期结束时，钚-244 将减少到原来的 $1/(2^{55})$ 或约 $3×10^{-17}$。这基本上是测不出来的，远低于我们对 KT 界线超新星导致钚-244 沉积的预期水平。

② 海伦的姓读作"迈克尔"。

重大的发现。海伦和弗兰克累得只是满意地点点头。

该怎么处理这样的爆炸性发现？父亲准备马上公之于众。我却担心这样会操之过急。弗兰克和我去见了另一位核化学家——厄尔·海德（Earl Hyde）。他是劳伦斯·伯克利实验室的副主任，我们打算向他征求意见。厄尔听了弗兰克对整个实验过程的详细描述，然后给了我们最好的建议。"再做一遍，"他说，"换一份新的样品，从头到尾重复每一步实验步骤，以保证百分百确定黏土里确实有钚-244。"

于是，另一场实验开始了。又是一场整天整夜的工作，又是咖啡和甜甜圈，又是一个黎明，直到出了新的结果。当我们难以置信地盯着这些数字时，我们感到震惊、痛苦而失望。这次黏土样品中完全没有钚-244 的痕迹，哪怕一丁点儿！对实验过程的仔细分析清楚地表明超新星假说已经完蛋了。在中子活化分析中，如果对一个样品的测量检测到一种元素，而另一个没有，那么后者是正确的。第一次运行时一定含有杂质，因为如果元素确实存在，第二次不可能检测不到。①我们在一清

---

① 经过大量努力，弗兰克和海伦对第一份样品中的杂质溯源到附近另一个实验室的实验。杂质的含量很低，只有像 NAA 这样非常灵敏的技术才能检测出来。详见：Asaro, F., 1987, The Cretaceous-Tertiary iridium anomaly and the asteroid impact theory, in Trouwer, W. P., ed., Discovering Alvarez: selected works of Luis W. Alvarez, with commentary by his students and colleagues: Chicago, University of Chicago Press, p. 240–242; Alvarez, L. W., 1987, Alvarez—Adventures of a physicist: New York, Basic Books, 292 p.

早垂头丧气地回家了，但厄尔·海德确实使我们免于蒙受犯下
重大错误的耻辱。

撞　击？

　　超新星假说完蛋了。还有什么可能导致 KT 界线大灭绝呢?
我们必须不断提醒自己，铱含量异常只不过与有孔虫濒临灭绝的
时间是吻合的，仅此而已。我们很难不联想到恐龙的灭绝，因为
有孔虫消亡的突发性使我们倾向于戴尔·罗素的异端观点，即恐
龙也是突然灭绝的。通过对古生物学文献的回顾，戴尔估计几乎
有一半的动植物属和单细胞生物在白垩纪末期灭绝了。[①]很快，
戴尔的估计将被一个详细的海洋无脊椎动物化石数据库所取
代。该数据库来自芝加哥大学的杰克·塞普科斯基（Jack Sep-
koski)，由他和他的同事大卫·劳普（David Raup）创建。[②]杰

---

①　在 KT 界线大灭绝之前的 5—10 百万年期间，该汇编显示有 2 561 个生物属；
　　而在 KT 界线大灭绝之后的 5—10 百万年期间，该汇编显示只剩下 1 392 个生
　　物属，存活率为 54% 或更低。这取决于其中有多少是第三纪新进化出来的。
　　详见：p. 41 - 42 in Russell, D. A. and Rice, G., eds., 1982, K-TEC II—
　　Cretaceous-Tertiary extinctions and possible terrestrial and extraterrestrial
　　causes; Syllogeus, National Museums of Canada, Ottawa no. 39, 151 p.

②　Sepkoski, J. J., Jr., 1982, A compendium of fossil marine families; Milwau-
　　kee, Milwaukee Public Museum, 125 p.; Raup, D. M. and Sepkoski, J. J.,
　　Jr., 1982, Mass extinctions in the marine fossil record; Science, v. 215,
　　p. 1501 - 1503; Raup, D. M. and Sepkoski, J. J., Jr., 1983, Mass
　　extinctions in the fossil record; Science, v. 219, p. 1239 - 1241.

克和大卫的研究明确地证明了 KT 界线大灭绝影响了多种生物，而且不同生物的灭绝是同步发生的，或几乎是同步的。

那么，为什么还要继续退缩？我们开始用这样的方式提出一个问题："是什么地外事件导致地球上一半的物种突然灭绝，同时沉积了异常含量的铱？"这让很多古生物学家给我们带来了麻烦。他们认为一个地质学家、一个物理学家和两个核化学家不应该侵入别人的科学领域。其他的古生物学家，如斯蒂芬·古尔德、杰克·塞普科斯基和戴夫·劳普，对这种跨领域研究表示欢迎，并协助我们探索古生物学可能存在的意义。

我们首先关注超新星假说，是因为罗素和塔克还有物理学家马尔文·A. 鲁德尔曼（Malvin A. Ruderman）——我父亲的老朋友，他们曾经对此进行过讨论。事实上还有另一种可能性，也许仍然是地外事件造成了铱含量异常和大灭绝。

现在回想起来，我已经不记得 KT 界线撞击的想法是什么时候出现的了。尽管我是一名被灌输了均变论理念的地质学家，从事过均变论板块构造方面的工作，但我知道有一小群对陨星坑感兴趣的月球和行星地质学家。我曾受邀参加过一个行星地质学会议，讨论意大利火山与火星火山的相似之处，会议上还有很多关于月球和行星上的陨星坑的讨论。在另一次会议上，我对罗伯特·迪茨（Robert Dietz）① 的报告产生了兴趣。

① 罗伯特·迪茨是一个众所周知的异见者。直到几年后，他才获得彭罗斯奖章——美国地质学会的最高荣誉——以表彰他在板块构造和陨星坑方面的正确判断，而当时大多数地质学家认为这两种理论都是不可接受的。

他展示了一幅标明地球上大坑的地图，迪茨、吉恩·休梅克以及其他一些科学家认为真的是撞击形成了陨星坑。

像休梅克和迪茨这样的撞击地质学家前辈在很大程度上被其他人刻意忽视了。登月后，人们不再反对把月球上的陨星坑归咎于撞击，只因这些陨星坑显然年代久远。几乎没有地质学家把在过去的5亿年里陨星对地球的撞击看作重要的事件，因为在这5亿年里，有大量的化石让我们足够详细地了解地球的历史。当然，地球表面有许多大坑，但几乎所有的坑都是火山爆发的产物。迪茨和休梅克正在讨论的是一个偶然出现的坑，这个坑与任何火山都没有关系。最好的例子是亚利桑那州的坑，吉恩在那里找到了非常有说服力的证据证明它是撞击产生的陨星坑。[1]传统的地质学观点认为这些坑是在没有明显原因的情况下在随机的时间和地点发生的神秘爆炸造成的。[2]回想起来，这种莫名其妙的造成大坑的原因与魔法无异，但当时许

---

[1]　关于陨星坑来源的激烈争论记录参见 Hoyt，W. G.，1987，Coon Mountain controversies—Meteor Crater and the development of impact theory：Tucson，University of Arizona Press，442 p。关于陨星坑来源的争论为人们提前预演了即将到来的KT界线撞击假说辩论的场面。

[2]　沃尔特·布赫是巨坑因地球内部原因形成而非撞击这一理论最有力的支持者。参见：Bucher，W. H.，1963，Cryptoexplosion structures caused from without or from within the Earth？（"astroblemes" or "geoblemes"？）：American Journal of Science，v. 261，p. 597 – 649. This paper by Bucher was followed by a discussion paper making the case for an impact origin—Dietz，R. S.，1963，Cryptoexplosion structures：a discussion：American Journal of Science，v. 261，p. 650 – 664.

多地质学家真心认为这比陨星撞击更可信。

我确信当父亲、弗兰克、海伦和我试图理解铱含量异常现象时，不时会谈论发生过一次强烈的撞击，却始终无法理解为什么撞击能导致全球范围内的物种灭绝。当然，撞击的确会毁灭附近的生物，但在更远的地方，生物就会存活下来，并迅速回到受灾地区继续繁衍生息。撞击海洋会引起巨大的海啸，但这样的海啸仅限于一片海洋，其影响也不会是全球性的。超新星似乎更合理，因为它会将整个地球笼罩在致命的辐射中，从而解释了这次灭绝为什么是全球性的。可是超新星假说已经被推翻了，而撞击也不能解释全球性的生物大灭绝。有一年多的时间，我们不断寻找与讨论，结果总是以失望告终。"大灭绝和铱之间一定有某种联系，究竟是怎样的联系呢？"

1979 年夏天，当我在亚平宁山脉做古地磁研究时，父亲仍然在努力寻找全球性灭绝的原因。日复一日，他提出了各种设想，并和弗兰克·阿萨罗、理查德·穆勒和他另一位年轻同事安迪·巴芬顿（Andy Buffington）一起进行试验。每种设想都有一些缺陷，最终被否决。

那年夏天，父亲花了很多时间和伯克利的天文学教授克里斯·麦基（Chris McKee）交谈。克里斯让父亲更加认真地看待撞击的设想。最后，他开始考虑撞击可能会把灰尘抛向空中。他记得在书中读到过，1883 年印度尼西亚的喀拉喀托火山爆发时，大量的灰尘和火山灰被吹到大气中，远在世界另一端

的伦敦在几个月中都可以看到色彩明亮的日落。①父亲想，如
果把喀拉喀托火山爆发的规模扩大到一个巨大的撞击，那么空
气中就会有极多的尘埃，而整个世界都会因此变得漆黑一片。
没有阳光，植物就会停止生长，食物链会彻底崩溃，其结果就
是大规模的灭绝。这是第一个关于撞击导致全球物种大灭绝的
假说。父亲尽其所能地想找出他的"黑暗与尘埃"设想的细节
所在，他尽可能准确地计算出会有多少灰尘、会有多么黑暗。
弗兰克、理查德和安迪都没有发现计算有什么问题，父亲也没
有发现。他愈发兴奋，便打电话给身在意大利的我。

重返丹麦

"我们找到答案了！"父亲告诉我，"你必须在丹麦展示
它。"9月，在哥本哈根将会举行一次关于KT界线物种灭绝的
大型会议。这是一个不同寻常的迹象，表明人们开始对一个之
前很少有人关心的问题感兴趣。我是在我的研究季结束时去那
里的，去展示铱的异常数据和我们对超新星假说的否定结果。
父亲当时非常赞成这样一种观点，即一次强烈撞击造成的尘埃
所带来的黑暗导致了恐龙的灭绝。他相信，在哥本哈根会议上

---

① Symons，G. J.，ed.，1888，The eruption of Krakatoa, and subsequent phe-
nomena：Royal Society，London，494 p.

的每个人都会乐于知道恐龙为什么消失了。

然而，我比父亲更了解那群地质学家和古生物学家。我敢肯定，反均变论的解释会遭到强烈的抵制，甚至敌意。更重要的是，我没有参与到研究和评论撞击尘埃这一假说的过程中，因此没有立即说服自己相信这个观点。我清楚地记得，我们差一点犯了一个关于超新星假说的严重错误——一次侥幸就够多了！我告诉父亲，我将继续进行我们原来的计划，展示铱异常数据，然后证明它不是超新星引起的。回到伯克利后，我们应该仔细地重新评估撞击和尘埃的证据。

哥本哈根会议将是一次重大考验。我们之前做过关于铱的简短演讲，这些都在媒体上报道过，但是我们还没有把结果展示给一大群知识丰富的听众。哥本哈根会议上很多人都了解KT界线。他们对我们的铱异常数据会有什么反应？当我在哥本哈根下飞机时，我就感觉到一场辩论即将开始，但我没有料到这将是一场无比激烈的辩论。

哥本哈根的扬·斯密特

在会议的第一天，我在排队吃午饭时，发现旁边有一个金发碧眼的高个子年轻人。他用一口悦耳的荷兰口音介绍自己名叫扬·斯密特，来自阿姆斯特丹。扬对我说："我在《新科学家》上读到一篇你写的关于铱异常的报告。我想告诉你，我已经证实了你的发现。我在西班牙卡拉瓦卡发现了一处非常完整的 KT 界线地层，它也有异常含量的铱!"这进一步证明了铱含量异常是全球性的。这次偶遇是一段深厚友谊的开始，自此我们开始了长达 15 年的激烈学术争论。

过了好几年，我才完全了解扬的开场白背后隐藏的奋斗。为了写博士论文，扬研究了西班牙南部的岩石记录。他对卡拉瓦卡有孔虫的突然灭绝很感兴趣，就像我在古比奥时一样。为了寻找 KT 界线大灭绝的化学线索，他联系了比利时中子活化分析专家扬·赫托根（Jan Hertogen），就像我们在伯克利联系了弗兰克一样。赫托根发现了较高的铱含量，但当时扬患了单核细胞增多症，无法查看化学分析的数据。当他恢复的时候，他看到了一篇关于我们工作的文章。他将文章打印出来，在上面公布的数据中寻找关于铱的内容，结果他的猜想立即得到了证实。

一些科学家可能会倾向于宣布一项独立的发现，或者迅速赶出一篇论文，以确定理论发表的优先次序。但从我们见面的那一刻起，扬就把他的分析当作对我们发现的肯定。这在科学家的道德准则中显得相当高尚，因为这样做使得合作开展科学研究成为可能，可现实中经常难以实现，因为科学家也和其他人一样在乎名利。如果角色互换，我希望我也能做到像扬那样。在我知道了整个故事后，我便认定扬是撞击证据的共同发现者。

扬和我都相信我们找到的铱含量异常数据是某种地外灾难的证据，但在哥本哈根听到一堆均变论观点后，我们开始意识到说服其他地质学家和古生物学家需要更详细的证据和大量的辩论。

公 布

回到伯克利后，我们的小组深入进行了各种发展和测试撞
击假说的研究任务，并将其写出来公之于众。我们的压力越来
越大，因为铱含量异常现象开始被广泛讨论，其他实验室也开
始分析 KT 界线沉积物中的铱。我们在撞击假说中没有发现严
重的矛盾。研究快结束时，戴尔·拉塞尔给我们寄来了他在新
西兰采集的 KT 界线的样本，他们也发现了铱含量的异常。最
后，在 1980 年 6 月，我们的论文发表在《科学》杂志上，铱
含量异常在科学文献中正式确立。[1]几乎同一时间，就有另外
三篇关于 KT 界线铱含量异常的论文发表。斯密特和赫托根报
告了他们在卡拉瓦卡发现的铱含量异常[2]；加州大学洛杉矶分
校的弗兰克·凯特（Frank Kyte）、周志明和约翰·沃森（John
Wasson）证实了斯泰温斯崖的异常情况，并在太平洋深海核心
地区发现了一处新的异常地点[3]；贝克化学公司的 R. 加纳帕

[1] Alvarez, L. W., Alvarez, W., Asaro, F., and Michel, H. V., 1980, Extrater-
restrial cause for the Cretaceous-Tertiary extinction: Science, v. 208, p. 1095 -
1108.

[2] Smit, J. and Hertogen, J., 1980, An extraterrestrial event at the Cretaceous-
Tertiary boundary: Nature, v. 285, p. 198 - 200.

[3] Kyte, F. T., Zhou, Z., and Wasson, J. T., 1980, Siderophile- enriched sedi-
ments from the Cretaceous-Tertiary boundary: Nature, v. 288, p. 651 - 656.

西（R. Ganapathy）也证实了斯泰温斯崖的反常现象①。

1980年在中子活化分析实验室的伯克利小组（从左到右：路易斯·阿尔瓦雷斯、沃尔特·阿尔瓦雷斯、弗兰克·阿萨罗、海伦·迈克尔）。

所有这些发现都存在于海相沉积岩中，有迹象表明铱来自海洋。但到了第二年，洛斯阿拉莫斯实验室的卡尔·奥思（Carl Orth）在新墨西哥州的非海相泥炭沼泽煤沉积岩中发现了铱，鲍勃·楚迪（Bob Tschudy）进行的孢粉研究证明这确实来自KT界线；而美国地质大学的查克·皮尔莫（Charles Pill-

① Ganapathy，R.，1980，A major meteorite impact on the Earth 65 million years ago：evidence from the Cretaceous-Tertiary boundary clay：Science，v. 209，p. 921–923.

more）则发现了其他几处裸露在外的 KT 界线时期的岩层。[1]
泥炭沼泽煤沉积岩的铱异常含量表明铱并非来自海洋，因此撞
击的可能性更大了。

　　然而，整件事还远没有解决。科学假设往往在强烈的怀疑
与严酷的批评中才能得到检验。此时，外界的怀疑与批判不断
加剧，撞击假说将受到严格考验。

查克·皮尔莫指着沉积在水平面以上的 KT 界线陨星坑碎片形成的白色薄带，位
于科罗拉多州和新墨西哥州的拉顿盆地的克利尔溪。

① Orth, C. J., Gilmore, J. S., Knight, J. D., Pillmore, C. L., Tschudy, R. H.,
and Fassett, J. E., 1981, An iridium abundance anomaly at the palynological
Cretaceous-Tertiary boundary in northern New Mexico: Science, v. 214,
p. 1341 - 1343.

第五章

寻找撞击点

1979 年 9 月的哥本哈根会议和 1980 年的铱含量异常论文引发了一场关于白垩纪—第三纪大灭绝的辩论风暴。风暴席卷了整个 20 世纪 80 年代，我们这些参与其中的人感觉就像侦探一样试图解决一个复杂的谜案。然而，案发时间在很久以前，可循的踪迹都已经难以追查。当我们费力地试着去理解所发生的一切时，才意识到大自然似乎已经巧妙地构造了一个由假象、误导性线索和错误信息构成的迷宫。

侦探的搜查

科学家无法抗拒破解一个巨大谜团的诱惑。铱含量明显的异常是真的，而且可能是全球性的。这让撞击假说吸引数百名科学家放下手头的工作，开始寻找与这次灭绝事件有关的新证据。在 20 世纪 80 年代的十年间，有关这一课题发表了两千多篇科学论文[①]，几乎每个月都有惊人发现。很少有科学问题能

---

① Glen，W.，ed.，1994，The mass-extinction debates：How science works in a crisis：Stanford，Stanford University Press，p. 58.

吸引这么多来自完全不同领域的人。地质学家和古生物学家从一开始就处于中心地位，因为这是地球历史的一个重要节点，也是对均变论学说的挑战。分析化学家、矿物学家和地球化学家参与分析了 KT 界线，并解释了支持灭绝假说的化学证据。天文学家则发现他们对彗星、小行星和轨道动力学的了解在解决这一问题的过程中至关重要。

物理学家也被吸引进来，因为相当于世界核武库一万倍的能量被瞬间释放，创造出了他们在实验室里永远无法重现的场景，甚至没有足够的计算方法。大气科学家计算了撞击带来的物理和化学效应对空气中化学物质循环的巨大影响。古生态学家在受害者和幸存者身上寻找可能阐明灭绝机制运作的模式。统计学家探讨了能否从非常不完整的古生物学数据中可靠地推断出结论的问题。

每个科学领域都有自己的传统、自己的知识体系和自己的专业语言。这些差异造成了障碍，通常会阻碍专家们跨领域合作。如果我们被这些障碍所阻挠，那么在理解 KT 界线大灭绝方面就不会取得什么进展。

有两个人很快认识到这项研究的跨领域性质，以及弥合不可避免的沟通鸿沟的必要性。李·亨特（Lee Hunter）和利昂·西尔弗（Leon T. Silver）召集了一群来自不同领域的同事①于

---

① 指凯文·伯克（Kevin Burke）、乔治·卡里尔（George Carrier）、海因茨·洛文斯坦（Heinz Lowenstam）、J. 默里·米切尔（J. Murray Mitchell）、罗伯特·佩平（Robert Pepin）、彼得·舒尔茨（Peter H. Schultz）、尤金·休梅克以及乔治·韦瑟里尔（George Wetherill）。

1981 年秋在犹他州的雪鸟城组织了一次会议。当时那处滑雪胜地还没有雪,也没有滑雪者。这个小组特别召开了一次会议,让所有人能够互相有效地交流。他们还编写了教程,让古生物学家学习撞击物理学,让天文学家学习阅读岩石记录。①

第一次雪鸟会议营造了一种独特的科学氛围,在这种氛围中,一个领域的专家不会顾忌于去讨教另一个领域中最基本的问题,没有人使用专业术语而把其他领域的专家排斥在外。跨领域交流成为这项研究中的特殊乐趣,我们开始理解和享受每一个科学领域中不同的传统和术语。②物理学家理查德·穆勒、核化学家弗兰克·阿萨罗和天文学家戴夫·库达巴克(Dave Caduback)都来到我位于意大利皮奥比科镇的总部,和我一起研究地质。我的父亲同我的继母、扬、弟弟唐、妹妹海伦一起

---

① 在 1981 年、1988 年和 1994 年,分别举行了三次雪鸟会议,讨论撞击与大规模灭绝问题(第三次会议实际上是在休斯敦举行的)。每一次会议都产生了一份重要的会议纪要,是关于这一跨学科领域研究发展的主要信息来源。这三份会议纪要分别是:(1) Silver, L. T. and Schultz, P. H., eds., 1982, Geological implications of impacts of large asteroids and comets on the Earth: Geological Society of America, Special Paper, v. 190, 528 p.; (2) Sharpton, V. L. and Ward, P. D., eds., 1990, Global catastrophes in Earth history: An interdisciplinary conference on impacts, volcanism, and mass mortality: Geological Society of America, Special Paper, v. 247, 631 p.; (3) Ryder, G., Fastovsky, D., and Gartner, S., eds., 1996, The Cretaceous-Tertiary event and other catastrophes in Earth history: Geological Society of America Special Paper, v. 307, 580 p.

② Alvarez, W., 1991, The gentle art of scientific trespassing: GSA Today, v. 1, p. 29-34.

到皮奥比科以及古比奥的田野里观察岩石，他在实验室里的时候就对这些岩石抱有兴趣。作为对他们帮助的回应，我也花时间和他们一起学习天文、化学和物理。越来越多的跨学科研究小组在世界各地涌现。本来可能被认作入侵他人领域的行为变成了理所当然的事情。我不知道还有什么别的研究能让这么多不同领域的科学家如此团结一心，奔向一个共同的目标。

理查德·穆勒和沃尔特·阿尔瓦雷斯在古比奥 KT 界线突出的岩石上，他们的锤子正放在白垩纪的顶部岩层上。由于许多地质学家为了采集样本前来挖掘，KT 界线的黏土层被覆盖在阴影中。左上方较暗的地层是第三纪的第一层岩层。这里的石灰岩层形成于亚平宁山脉的变形，因而向左倾斜。

把关于白垩纪—第三纪大灭绝的辩论描述为双方总是彬彬有礼、友好相待也是完全不现实的，毕竟地质学和古生物学中根深蒂固的均变论基础受到了冲击，固有的认知正受到来自四面八方的挑战，新的信息迫使我们大多数人一次又一次地修改自己的理解和我们发表的观点。不同科学领域之间不同的习惯和方法被迫共存，有时人们会发表一些在以后的日子里会让他们感到后悔的言论。公众对此很感兴趣，新闻界也密切关注着事态的发展，这种情况进一步扩大了错误评论的影响。[1]记者在充满敌意的对抗中寻求爆料，而科学家则从激烈但相互尊重的辩论中获益。并非我们所有人都能很好地应对挑衅。在某些情况下，我们甚至还会遭到严重的冒犯。但我认为，整个领域在保持文明对话方面总体来说做得还算不错。

调查后的分析

20 世纪 80 年代，人们对于白垩纪—第三纪灭绝的研究过程是很复杂的，因为有那么多人参与其中，又涉及那么多科学领域和各种证据。任何准备重述事件的人都必须选择一种组织信息的方法，决定包含哪些内容，排除哪些事情。[2]关于这场研

---

[1] Clemens，E. S.，1994，The impact hypothesis and popular science：conditions and consequences of interdisciplinary debate，in Glen，W.，op. cit.，p. 92 - 120.

[2] 这本书受限于篇幅而未能包括每一位优秀论文的作者。对于那些被我遗漏了的人，我真诚地感到抱歉！

究的故事已经被讲述过好几次①，而且经常被认为是支持撞击
导致大灭绝的人和认为火山活动是灭绝原因的人之间的冲突。
我更喜欢用另一种方式来讲述。我想把重点放在寻找陨星坑

---

① Wilford, J. N., 1985, The riddle of the dinosaur: New York, Knopf, 304 p.; Raup, D. M., 1986, The Nemesis Affair: New York, W. W. Norton, 220 p.; Hsü, K. J., 1986, The great dying: San Diego, Harcourt Brace Jovanovich, 292 p.; Lampton, C., 1986, Mass extinctions—one theory of why the dinosaurs vanished: New York, Franklin Watts, 96 p.; Alvarez, L. W., 1987, Alvarez—Adventures of a physicist: New York, Basic Books, 292 p.; Muller, R. A., 1988, Nemesis: the death star—The story of a scientific revolution: New York, Weidenfeld and Nicolson, 193 p.; Smit, J., 1990, Meteorite impact, extinctions and the Cretaceous-Tertiary boundary: Geologie en Mijnbouw, v. 69, p. 187–204; Alvarez, W., and Asaro, F., 1990, What caused the mass extinction? An extra-terrestrial impact: Scientific American, v. 263 (October), p. 78–84; Courtillot, V. E., 1990, What caused the mass extinction? A volcanic eruption: Scientific American, v. 263 (October), p. 85–92; Raup, D. M., 1991, Extinction—Bad genes or bad luck?: New York, W. W. Norton, 210 p.; Officer, C. and Page, J., 1993, Tales of the Earth: paroxysms and perturbations of the blue planet: New York, Oxford University Press, 226 p.; Clementi, F. and Clementi, D., 1993, Chi uccise i dinosauri?: Edimond, Città di Castello (PG), Italy, 199 p.; Glen, W., ed., 1994, The mass-extinction debates: How science works in a crisis: Stanford CA, Stanford University Press, 370 p.; Courtillot, V., 1995, La vie en catastrophes: Paris, Fayard, 278 p.; Vaas, R., 1995, Der Tod kam aus dem All: Stuttgart, Franckh-Kosmos, 208 p.; Dauber, P. M. and Muller, R. A., 1996, The three big bangs: New York, Addison-Wesley, 207 p.; Frankel, C., 1996, La mort des dinosaures: l'hypothèse cosmique: Paris, Masson, 172 p.; Officer, C. B. and Page, J., 1996, The great dinosaur extinction controversy: Reading, MA, Addison-Wesley, 209 p.; Archibald, J. D., 1996, Dinosaur extinction and the end of an era: New York, Columbia University Press, 237 p.

111

上。如果撞击假说是正确的，那么陨星坑一定是可以被找出来的。我仍然很好奇为什么找到那个陨星坑是如此困难。

作为科学家，我们与自然对话，我们会问一些问题，比如：陨星坑在哪里？通过观察或实验，我们可以在自然界中找到答案。这看起来似乎是一件简单的事，但实际上却很困难。一个事业才刚刚起步的年轻科学家是无法想象去寻找这些答案有多难的。只有在经历一次次失败和误判后，才能拨云见日。

为什么如此艰难才找到陨星坑？回顾 20 世纪 80 年代的研究，可以看出自然似乎是一个熟练而神秘的作家，设置了一系列假线索，竭尽所能去误导别人。既然现在我们已经找到了陨星坑，那么再想把这一切说成关于谋杀的悬疑故事已经太晚了，所以我把它当成对破解悬案的分析。我将试着梳理调查的主要线索，大致按时间顺序排列，并且指出我们得出错误结论或走向错误方向的频率。每次犯错都是一次有益的教训。

最初的疑问：这是否真的是一场需要解释的突然灭绝？

从寻找陨星坑开始，就有"侦探"认为我们都走错了路——根本就没有"犯罪"发生！在他们看来，恐龙是由于自然原因逐渐灭绝的；即使发生过撞击，也与恐龙灭绝无关。

这种观点被那些对化石记录了解最多的人广泛接受。这些

人就是古生物学家，尤其是那些专门研究恐龙和哺乳动物的古
生物学家。在这些怀疑者中，最突出的是我在伯克利的同事比
尔·克莱门斯（Bill Clemens），现在也是如此。[1]比尔和他的学
生多年来一直在蒙大拿东部工作，那里是世界上最好的研究场
所之一，也许是世界上唯一保存有恐龙时代末期地层记录的地
方。这记录不容易解释。最后的恐龙生活在河漫滩上，河漫滩
上的河流造成了弯弯曲曲的河道，河流又通过河道流向平原。
这些河道让人们很难计算出事件发生的先后顺序，而读取记录
的问题又因为恐龙化石的稀缺而变得更加复杂。现存的大型动
物比小型动物稀少，化石也是如此。在比尔做研究的地方散步
时就可以捡到很多骨头碎片，但是这些碎片容易被古老的河流
移动，并不一定表明恐龙生活在周围沉积物沉积的时候。只有
关节处的骨骼仍然躺在它们原来的位置上，为恐龙所在的地层
范围提供了可靠的证据，然而这些骨头少得令人沮丧。

113

　　比尔大致知道恐龙的灭绝情况。他仔细地收集了样品，交
给了弗兰克和海伦。他们从一个无名小山丘的岩层上发现了铱
含量异常，这个小山丘后来被命名为"铱山"。从地层学的角
度来看，最高位置的恐龙化石大约在岩层 3 米以下。这表明在

----

[1]　Clemens, W. A., Archibald, J. D., and Hickey, L. J., 1981, Out with a
whimper, not a bang: Paleobiology, v. 7, p. 293 - 298; Clemens, W. A.,
1982, Patterns of extinction and survival of the terrestrial biota during the
Cretaceous/Tertiary transition: Geological Society of America Special
Paper, v. 190, p. 407 - 413; Archibald, J. D. and Clemens, W. A., 1982,
Late Cretaceous extinctions: American Scientist, v. 70, p. 377 - 385.

导致沉积铱存在的撞击之前，恐龙就已经灭绝了。[1]

　　随之而来的是一场关于保存骨骼材料的大讨论，以及关于完整骨骼和碎片的争论。你永远不应该期待能找到正巧在撞击后还活着的恐龙的残骸。事实上，你应该认定在最高位置的化石和灭绝的位置之间有一个巨大的间隔。加州大学戴维斯分校的菲尔·西格纳（Phil Signor）和杰雷·利普斯（Jerry Lipps）的一项详细分析指出：如果只有少数化石得以保存，那么物种的突然灭绝看起来也会像是渐进的。这就是著名的"模糊效应"（Signor-Lipps effect）。[2]

　　如果在 KT 界线以上找到一副完好的化石，就能提供有力的证据证明撞击并没有杀死恐龙，但事实上并没有这样的发现。另一方面，模糊效应预测：随着越来越多的化石被发现，最高位置的化石与灭绝位置之间的间隔将会明显缩小，原来的 4 米间隔已经缩小到不足 1 米。对我来说，这种情况支持了灭绝是突然发生的，甚至是与撞击同时发生的观点，但是剩余的差距仍让比尔怀疑是否真的是撞击灭绝了恐龙。

　　与此同时，在新墨西哥州，出于某种原因，没有任何恐龙骨

---

[1]　蒙大拿州东部的地层学现象出乎意料地难以解释，因为正如扬·斯密特在研究该地区时发现的那样：古河流切断了河道，参见：Smit, J. and van der Kaars, S., 1984, Terminal Cretaceous extinctions in the Hell Creek Area, Montana: compatible with catastrophic extinction: Science, v. 223, p. 1177 – 1179.

[2]　Signor, P. W. and Lipps, J. H., 1982, Sampling bias, gradual extinction patterns, and catastrophes in the fossil record: Geological Society of America Special Paper, v. 190, p. 291 – 296.

骼被保存下来。查克·皮尔莫发现了一个恐龙脚印，它低于KT界线铱含量异常的位置不到1米，同时没有找到任何高于这一位置的脚印。这样的结果正是与撞击导致灭绝的理论相吻合的。

查克在KT界线以下发现的另一个脚印被足迹专家马丁·洛克利（Martin Lockley）确认为已知的第一个霸王龙脚印。由于很难百分之百地确定是哪一种动物留下了某个足迹，足迹化石的属名和种名都可能与科学家假设留下足迹的那种动物略有不同，于是洛克利决定以它的发现者的名字命名这个脚印。如果你被一只霸王龙吃掉了，那就是雷克斯暴龙（霸王龙）干的；如果你被一只霸王龙踩了，那则是皮尔莫暴龙的脚。这是查克的荣幸！较小生物的化石往往更丰富，这使得在化石记录中更精确地确定它们的灭绝位置成为可能，而不是像恐龙那样难以确认。在KT界线灭绝的最著名的海洋无脊椎动物是菊石，它们是现今的鹦鹉螺的近亲。华盛顿大学的彼得·沃德是研究这些化石的主要专家。[1]起初，他认为它们在KT界线之前就已经灭绝了。然而，在对西班牙北部壮观的海岸突起部分进行了详尽的样本采集之后，彼得成功地填补了菊石历史的空白片段，他现在把它们的灭绝归因于KT界线撞击。然而，彼得研究的另一组重要的白垩纪无脊椎动物——叠瓦蛤动物，似乎

---

[1] Ward，P.，Wiedmann，J.，and Mount，J. F.，1986，Maastrichtian molluscan biostratigraphy and extinction patterns in a Cretaceous/Tertiary boundary section exposed at Zumaya，Spain：Geology，v. 14，p. 899－903；Ward，P. D.，1990，A review of Maastrichtian ammonite ranges：Geological Society of America Special Paper，v. 247，p. 519－530.

是在 KT 界线的时代之前就已经灭绝了。进化的历史是复杂的，既不是完全渐进的，也不是完全由灾难主导的。要彻底理解这段历史，我们还有很长的路要走。

更小也更丰富的是海相岩层中单细胞有孔虫的化石以及在陆地沉积物中发现的花粉。这些微小的化石如此之多，以至于像模糊效应这样的统计问题并没有出现。在古比奥和卡拉瓦卡的石灰岩中，每一块岩石内都有数百个有孔虫化石。这些微小的化石距离撞击产生的铱只有几毫米。在新墨西哥州的陆地沉积物中，大量的花粉出现在铱的下方，揭示了一些植物的突然灭绝，而在铱的上方则突然出现了大量蕨类植物，表明这些抗灾植物在撞击之后依旧蓬勃生长，哪怕其生存的环境已经被破坏。①

在我和许多古生物学家以及地层学家（他们都是这方面的精英）看来，对这些化石记录最合理的解释就是在白垩纪末期确实发生过一次突然的物种大灭绝。②尽管如此，一些正在积

---

① Orth, C. J., Gilmore, J. S., Knight, J. D., Pillmore, C. L., Tschudy, R. H., and Fassett, J. E., 1981, An iridium abundance anomaly at the palynological Cretaceous-Tertiary boundary in northern New Mexico: Science, v. 214, p. 1341 - 1343.

② Thierstein, H. R., 1982, Terminal Cretaceous plankton extinctions: a critical assessment: Geological Society of America Special Paper, v. 190, p. 385 - 399; Surlyk, F. and Johansen, M. B., 1984, End-Cretaceous brachiopod extinctions in the chalk of Denmark: Science, v. 223, p. 1174 - 1177; Smit, J. and Romein, A. J. T., 1985, A sequence of events across the Cretaceous-Tertiary boundary: Earth and Planetary Science Letters, v. 74, p. 155 - 170; Nichols, D. J. and Fleming, R. F., 1990, Plant microfossil record of the terminal Cretaceous event in the western United States and（转下页）

极研究 KT 界线大灭绝化石记录的知识渊博的古生物学家仍然坚信灭绝是渐进的。[①]也许这种分歧并不奇怪。化石记录的细节很难读懂，而这些细节对于全面了解灭绝事件至关重要。

尽管存在古生物学方面的疑问，可 KT 界线铱含量的异常使我们中的一些人从 20 世纪 80 年代就开始相信，寻找那个年代留下的巨大陨星坑是值得的。然而，我们一直没有发现这样的陨星坑。它可能会在哪里呢？

（接上页）Canada：Geological Society of America Special Paper，v. 247，p. 445 – 454；Johnson，K. R. and Hickey，L. J.，1990，Megafloral change across the Cretaceous/Tertiary boundary in the northern Great Plains and Rocky Mountains，U. S. A.：Geological Society of America Special Paper，v. 247，p. 434 – 444；Sheehan，P. M. and Fastovsky，D. E.，1992，Major extinctions of land-dwelling vertebrates at the Cretaceous-Tertiary boundary，eastern Montana：Geology，v. 20，p. 556 – 560；D'Hondt，S.，Herbert，T. D.，King，J.，and Gibson，C.，1996，Planktonic foraminifera，asteroids，and marine production：Death and recovery at the Cretaceous-Tertiary boundary，in G. Ryder，D. Fastovsky，and S. Gartner，eds.，The Cretaceous-Tertiary event and other catastrophes in Earth history：Geological Society of America Special Paper，v. 307，p. 303 – 317；Pospichal，J. J.，1996，Calcareous nannoplankton mass extinction at the Cretaceous/Tertiary boundary：an update，in Ryder，G.，Fastovsky，D.，and Gartner，S.，eds.，op. cit.，p. 335 – 360. Huber，B. T.，1996，Evidence for planktonic foraminifer reworking versus survivorship across the Cretaceous-Tertiary boundary at high latitudes，in Ryder，G.，Fastovsky，D.，and Gartner，S.，eds.，op. cit.，p. 319 – 334.

① 普林斯顿大学的有孔虫古生物学家格尔塔·凯勒是目前 "KT 界线大灭绝的原因并非撞击" 这一观点最有力的支持者。相关文献详见：MacLeod，N. and Keller，G.，eds.，1996，Cretaceous-Tertiary mass extinctions：biotic and environmental changes：New York，W. W. Norton，575 p. See also Archibald，J. D.，op. cit.

理查德·格里夫的陨星坑清单

截至 1980 年，人们发现的陨星坑还不到 100 个。苏联和加拿大的地质学家在寻找陨星坑方面是最成功的，因为在他们的国家，大片的区域内有非常古老的岩石暴露在外。这些岩石存在的时间越长，被击中的可能性就越高。加拿大地质学家理查德·格里夫（Richard Grieve）编制了一份经过验证的陨星坑清单①，其中共有 15 个陨星坑。我们许多人都非常仔细地研究了这份清单以寻找一个可能是 KT 界线撞击点的陨星坑。判断古代陨星坑的年代是很困难的，名单上许多陨星坑的年代都无法确认。在大多数情况下，格里夫列出的陨星坑都太小了，最多只有几十千米宽，而我们估计 KT 界线撞击点陨星坑的直径应该在 150—200 千米之间。名单中只有 3 个陨星坑达到了这样的大小，但它们的年代又明显不匹配。这样看来，KT 界线的陨星坑似乎不太可能是某个已被发现的陨星坑。为什么地球上的陨星坑那么少呢？

月球表面布满了陨星坑，但地球却没有。月球上的陨星坑大多非常古老，可以追溯到太阳系的早期历史，那时地球和月

---

① Grieve，R. A. F.，1982，The record of impacts on earth：implications for a major Cretaceous/Tertiary impact event：Geological Society of America Special Paper，v. 190，p. 25 – 37.

球都在经受大量强烈的撞击。月球太小了，很快就失去了它的内部热量、水分和气体。它已经保持一种惰性且不活跃的状态很长时间了，以至于它到现在都保留着那原始的、伤痕累累的表面，成为一座记载太阳系早期历史的博物馆。

相比之下，比月球大得多的地球保存了内部热量，它的内核在驱动板块构造的缓慢对流中不断滚动。此外，地球上有冰、水和大气，它们不停地四处移动，相互影响，侵蚀基岩，覆盖沉积物。于是，地球表面上那些受到严重撞击的地方大多没有被保留下来。为数不多的陨星坑只能追溯到更晚的时代，那时太阳系的碎片早已散去，撞击幅度变得很小，也很少再发生。

119

KT 界线撞击点在哪里？那么大的陨星会粉碎撞击点下方30—40 千米的地壳和地幔，那么深的地方的证据全被侵蚀掉是不可能的。如此大的陨星坑不太可能暴露在外却没有被发现，所以有三种可能性：

（1）陨星坑被较年轻的沉积物覆盖，或被格陵兰岛或南极洲的冰雪所覆盖；

（2）它被淹没在海洋中；

（3）它已被大洋板块的俯冲所破坏。

案发现场：陆地还是海洋？

第一个关键的问题：撞击发生在陆地上还是海洋里？对于

地质学家来说，大陆和洋盆是地壳中最基本的二分法，两者的区别并不可简单地理解为一个在海平面以上，另一个在海平面以下。大陆地壳和海洋地壳的化学成分不同，构成岩石的矿物也不同。①

另一个显著的区别在于，大陆地壳是永久性的，尽管它们可能因大陆漂移而分裂和重组，海洋地壳是暂时性的，新的海洋地壳在大陆之间的地幔中形成，旧的海洋地壳最终沉入地幔。因此，不存在保存超过 1.8 亿年的海洋地壳。大陆和海洋地壳是如此不同，针对它们的强烈撞击会产生截然不同的碎片和后果。

地质学家可以从岩石的化学成分中学到很多东西。在上一章中，我们看到了弗兰克·阿萨罗在十亿份中的含量上对微量元素铱的分析是如何为 KT 界线的撞击提供了第一个证据。现在，让我们看看以百分比计算含量的主要元素如何为寻找 KT 界线陨星坑的位置提供信息——尽管我们多年来误解了这些信息。

地壳中的重要矿物，无论是大陆地壳还是海洋地壳，都由大的带负电的氧原子构成。这些氧原子靠各种带正电的小原子

①　明确岩石和矿物之间的区别很重要。地球的固态部分是由岩石组成的，而岩石又是由矿物构成的。矿物是具有特殊化学成分的晶粒，原子排列成精确有序的几何图案。岩石是由矿物颗粒组成的，但每种矿物的含量都可能不同，因此岩石的化学成分比矿物的化学成分更为多变。例如，石英和方解石分别具有精确的二氧化硅和碳酸钙成分，但由这两种矿物混合而成的岩石中的各成分比例可能会有所不同：从只有一点方解石的石英砂岩、均匀混合的砂质石灰岩，到几乎都是方解石、只有一点石英的石灰岩。

聚集在一起，其中硅是最主要的。我们用"硅酸盐"这个词来指代硅和氧构成的矿物。最简单的硅酸盐是石英，每一个硅和两个氧组合，所以它的化学式是 SiO_2。[1]

　　大陆地壳岩石主要由石英和另外两种被称为长石的硅酸盐矿物组成，它们含有铝（Al）、钠（Na）和钾（K）。海洋地壳的矿物也是硅酸盐，但钙和镁是其主要成分。在海洋地壳中最主要的是橄榄石、辉石和钙长石。海洋矿物比大陆矿物的密度大，这种现象解释了洋盆与大陆在高度上的差异。这里有一个非常简单明了的总结：

　　大陆地壳的矿物及其化学成分

　　　　石英　　　　SiO_2

　　　　正长石　　　$KAlSi_3O_8$

　　　　钠长石　　　$NaAlSi_3O_8$

　　海洋地壳的矿物及其化学成分

　　　　橄榄石　　　Mg_2SiO_4

　　　　辉石　　　　$CaMgSi_2O_6$

　　　　钙长石　　　$CaAl_2Si_2O_8$

由此总结可知，钾和钠是大陆地壳的元素特征，而钙和镁是海洋地壳的元素特征。

──────────────

[1]　石英（SiO_2）和二氧化碳（CO_2）的化学式看起来非常相似，但它们的结构和性质是完全不同的。石英以固体矿物的形式存在，大量的原子以一个硅原子加两个氧原子的重复构造组合起来。二氧化碳是一种气体，其中每个独立的分子只有三个原子：一个碳原子和两个氧原子。在矿物的化学式中，下标的数字显示了矿物颗粒中原子的比例。

海洋撞击的证据

由于大陆上和海洋中岩石化学性质的不同，如果有人能找到一些被撞击的岩石的碎片，就有可能将 KT 界线撞击定位到海洋或陆地。扬·斯密特是第一个发现这些碎片的人。在研究西班牙卡拉瓦卡的 KT 界线样品时，扬注意到一些砂粒大小的圆形白色物体，其成分奇特，他称之为"球状体"。这些球状体蕴含着撞击点位置（在大陆上或海洋里）的线索，但这是一个如此神秘的线索，以至于很多年来没有人能完全解析这些球状体的成分，直到如今它们仍然有着一些未解谜团。

利用地质学家研究岩石和矿物的方法，扬把球状体切成两半，粘在一块玻璃上，把它们磨得很薄，直到透明。他用显微镜研究这些薄片，发现内部晶体结构呈羽毛状——对于矿物颗粒来说是一种非常奇怪的形状。当他用电子探针对它们进行化学分析时，发现羽毛状晶体是由矿物三苯胺、一种钾长石和一种在沉积岩中发现的非常奇怪的矿物组成的。①

扬去了加州大学洛杉矶分校与弗兰克·凯特和约翰·沃森合作，加入了由唐·德保罗（Don DePaolo）领导的研究小组，研

---

① Smit，J. and Klaver，G.，1981，Sanidine spherules at the Cretaceous-Tertiary boundary indicate a large impact event：Nature，v. 292，p. 47–49.

究 KT 界线的同位素地球化学。自从第二次世界大战以来，对同位素的研究[①]已经取得了大量关于地球种种方面的信息，而德保罗是当时这个领域里最聪明的年轻人之一。后来，他来到伯克利，建立了一座大型同位素实验室。

德保罗小组展示了如何分离出扬的西班牙 KT 界线黏土中四种不同来源的成分：（1）撞击天体，（2）被撞击的岩石，（3）西班牙当地的沉积物，以及（4）后来的覆盖物。在对锶和钕同位素的分析中，他们发现黏土层中被撞击的岩石的成分与大陆地壳完全不同，但与海洋地壳非常吻合。从他们的研究来看，撞击显然是在海洋中发生的。[②]

他们还利用氧同位素比率表明，扬的球状体中的三苯胺不是最初就在里面的——它既不是来自撞击天体，也不是来自被

123

[①] 一种特定元素的不同同位素的原子核内的质子数相同，但中子数不同，因此重量也不同。碳-12 有 6 个质子和 6 个中子，而碳-13 有 6 个质子和 7 个中子，两者都是稳定的。碳-14 有 6 个质子和 8 个中子，会发生放射性衰变。矿物中同一元素的两种同位素的比率可能会随着其中之一的衰变，或放射性产生而发生变化。某些轻元素（例如碳和氧）的同位素可能会在化学反应或物理变化（例如有机物的生长或海水蒸发）过程中发生变化。但是，大多数化学反应不会改变所涉及元素的同位素比率。因此，该比率在元素上提供了一种标记，从而使地球化学家可以在它的指引下走入化学转化的迷宫，解读其中矿物的溶解、沉淀和反应现象。同位素的研究极大地促进了我们对地球运作方式的理解。

[②] DePaolo，D. J.，Kyte，F. T.，Marshall，B. D.，O'Neil，J. R.，and Smit，J.，1983，Rb-Sr，Sm-Nd，K-Ca，O，and H isotopic study of Cretaceous-Tertiary boundary sediments，Caravaca，Spain：evidence for an oceanic impact site：Earth and Planetary Science Letters，v. 64，p. 356 – 373.

撞击的岩石，而是一种后来产生的矿物。球状体的原始矿物和如今有所不同。原始矿物的"身份"为 KT 界线研究的一位新贡献者——亚历山德罗·蒙塔纳里（Alesandro Montanari），即众所周知的桑德罗·蒙塔纳里——所确认。1978 年夏天，我在古比奥附近的亚平宁山脉偶然遇到了桑德罗，当时他正在乌尔比诺攻读学士学位。我们一边吃着午餐、俯瞰岩石峡谷，一边谈论着亚平宁半岛的地质，然后到一个小村庄里吃了晚餐并开始一起演奏音乐。后来，桑德罗申请了加州大学伯克利分校并被录取为研究生。

124　　桑德罗和我在意大利追踪并对许多 KT 界线岩层采了样，桑德罗发现里面的球状体与扬找到的那些很相似。当他在显微镜下研究这些球状体时，他发现了更多不同寻常的晶体结构——有些地方像雪花的分枝，有些地方则是呈星形的放射状。我在伯克利的同事迪克·海（Dick Hay）意识到，这就是橄榄石、辉石和钙长石的结构。它们是从熔融岩石中以不寻常的固定冷却速度结晶出来的——既不是产生完整晶体的缓慢冷却，也不是生产玻璃那样的快速冷却。迪克给我们看了一些描述从月球上带回来的球状体中雪花和辐射状结构的文章。由桑德罗领导的研究小组由此推断，KT 界线球状体中的原始矿物是橄榄石、辉石和钙长石。[1]几年后，扬在太平洋海底的沉积物

---

① Montanari, A., Hay, R. L., Alvarez, W., Asaro, F., Michel, H. V., Alvarez, L. W., and Smit, J., 1983, Spheroids at the Cretaceous-Tertiary boundary are altered impact droplets of basaltic composition: Geology, v. 11, p. 668 - 671.

中发现了 KT 界线时代的东西。那是一个钻孔，在那里找到的球状体中的羽毛状晶体没有被改变，它们确实是由辉石形成的。

橄榄石、辉石和钙长石！这些是玄武岩的特有矿物，而玄武岩是海洋地壳的主要岩石。一切线索都连在了一起，桑德罗的小组确认了唐·德保罗小组的研究成果。我们只能得出这样的结论：这些球状体是海洋地壳被撞击所产生的。

可我们都被耍了！我们从化学、矿物学和同位素证据中得出了明显的结论，因而付出了大量的精力去海里寻找陨星坑，但事实上陨星坑在陆地上。

大自然是怎么戏耍我们的呢？仅仅几年后，尤卡坦半岛的陨星坑最终被发现，我们才明白自己是如何被误导的。尤卡坦半岛深处有大陆地壳，但其上覆盖着一层厚厚的沉积岩，沉积在缓慢下沉的大陆地壳之上。此处沉积岩中的主要矿物是方解石、白云石和硬石膏矿物，它们以碳（C）和硫（S）为基础元素，而不是以硅（Si）为基础元素。我们现在可以拓展相关矿物的列表：

沉积矿物及其化学成分

方解石 $CaCO_3$

白云石 $CaMg(CO_3)_2$

硬石膏 $CaSO_4$

大陆地壳的矿物及其化学成分

石英 SiO_2

正长石	$KAlSi_3O_8$
钠长石	$NaAlSi_3O_8$

海洋地壳的矿物及其化学成分

橄榄石	Mg_2SiO_4
辉石	$CaMgSi_2O_6$
钙长石	$CaAl_2Si_2O_8$

我们得出错误结论的原因是显而易见的。大自然误导了我们，把富含钙和镁的沉积岩与底层富含硅的大陆地壳混合在了一起。撞击能量熔化了这种由不同岩石组成的混合物，导致这些岩石的化学成分偶然地与海洋地壳相似。这些偶然出现在一处的化学元素在熔滴中混合，之后熔滴被吹出大气层并发射到太空。当这些熔滴在大气层外冷却后，它们在自由落体回地球之前结晶成了橄榄石、辉石和钙长石——具有海洋地壳特征的矿物。我们就是这样被戏耍的，以为所找的目标在海洋中。

撞击点是否已被破坏？

在20世纪80年代初，海洋撞击点的化学证据对我来说是如此的有说服力，以至于我浪费了大量的精力去寻找那个巨大的海底陨星坑。你也许会认为一个直径150—200千米的陨星坑应该很容易在海底被找到。当然，如果是一片被充分研究透的海域，比如有数百条海洋科考船穿过的大西洋，那它确实早就可以被发现了，但是大西洋里没有大型陨星坑。我们知道，较小的彗星和小行星撞击会在水中短暂形成完整的撞击凹陷，而在海底无法留下任何痕迹，但 KT 界线陨星的直径据估计有 10 千米，肯定会在海底形成一个巨大的陨星坑。

因此，当时人们认为陨星可能落在了一处遥远而鲜为人知的海域，比如南极洲附近的太平洋最南端，海洋科考船很少去这种地方。即便如此，按理应该还是能找到一些被认为是沉积在陨星坑附近的沉积物，但实际上并没有找到过，而且有足够多的深海沉积物岩芯可以证明在太平洋中根本不存在这样的沉积物。化学研究表明撞击发生在海洋，但沉积物岩芯却证明它并不存在于任何现有的海洋中。我们该怎么解释这种矛盾呢？

嗯，大自然为我们提供了一个解释为什么没有找到预期的海底陨星坑的现成借口。在 KT 界线时期，海洋地壳的五分之一在撞击之后就俯冲了下去，完全被吞没在地球深处；如果我们寻找的陨星坑在一块消失的地壳上，它就会被完全摧毁。这个陨星坑有 20% 的概率已经消失了，这为我们找不到它提供了借口，也让我们能够放轻松，不必像在搜寻海洋撞击地点时那样卖力了。

有时我会想起海洋撞击或许会产生凶猛的海啸。我搜索地质文献，寻找 KT 界线时代太平洋边缘巨大海啸沉积的痕迹，但我找不到任何相关迹象。最终，海啸沉积物还是会成为带领我们找到撞击点的关键线索，但这是多年之后的事情，而且出现在一个意想不到的地方。

被冲击的石英与陆地撞击说

就在我们对撞击发生在海洋的证据感到满意的时候，局面突然被相互矛盾的线索所搅乱，撞击似乎发生在大陆上。除了查克·皮尔莫在新墨西哥州找到的非海相 KT 界线地点，落基山脉地区也找到了许多非海相地点，从美国新墨西哥州、科罗拉多州到怀俄明州、蒙大拿州，再向北扩张到加拿大萨斯喀彻温省、阿尔伯塔省，非海相地点遍布各地。地质学家布鲁斯·博霍尔（Bruce Bohor）隶属于美国丹佛地质调查局，他领导的一个小组发现了这些遗迹含有被不寻常的方式破坏的石英颗粒，在显微镜下可以看到多组平面变形带。[1]这种损伤发生在基岩里的石英颗粒中，靠近已经被证实的陨星坑里，并被认为是由于陨星撞击地面时穿过周围岩石所产生的冲击波造成的。[2]

博霍尔得出结论：这些 KT 界线地点的石英颗粒受到了冲击。他的观点有力地支持了撞击假说，因为撞击是已知的在岩石中产生冲击波的唯一途径。地壳的正常位移，就像地震中发

---

① Bohor，B. F.，Foord，E. E.，Modreski，P. J.，and Triplehorn，D. M.，1984，Mineralogic evidence for an impact event at the Cretaceous-Tertiary boundary：Science, v. 224，p. 867 – 869.

② French，B. M. and Short，N. M.，eds.，1968，Shock metamorphism of natural materials：Baltimore，Mono Book Corp.，644 p.

生的位移一样，会产生震波。震波通过岩石时，将其压缩和扭曲。但就像弹簧一样，震波经过后，岩石又恢复了原来的形状。冲击波的强度则要大得多，它们会永久地在岩石中留下损伤痕迹，就像它们在石英中造成的平面变形带。博霍尔和他地质调查局的同事格伦·伊泽特（Glen Izett）对受到冲击的石英进行了详细研究，认为撞击产生冲击波的论点非常有说服力。[1]

其他地质学家，如内维尔·卡特（Neville Carter）和查尔斯·奥菲瑟（Charles Officer），试图挑战博霍尔和伊泽特的理论。他们认为石英中受损的平面变形带可以在火山喷发中产生。他们展示了 25 张火山岩中受损石英颗粒的照片[2]，但与 KT 界线和其他已知陨星坑中石英的多组平面变形带特征并不

---

[1] Izett, G. A., 1990, The Cretaceous/Tertiary boundary interval, Raton Basin, Colorado and New Mexico, and its content of shock-metamorphosed minerals; evidence relevant to the K/T boundary impact-extinction theory: Geological Society of America Special Paper, v. 249, 100 p. Stishovite, a high-pressure form of quartz, and absolutely diagnostic of impact shock was reported from the Raton Basin KT boundary: McHone, J. F., Nieman, R. A., Lewis, C. F., and Yates, A. M., 1989, Stishovite at the Cretaceous-Tertiary boundary, Raton, New Mexico, Science, v. 243, p. 1182-1184. In addition, Michael Owen and Mark Anders showed that the KT shocked-quartz grains gave cathodoluminescence colors very different from those of volcanic quartz grains: Owen, M. R. and Anders, M. H., 1988, Evidence from cathodoluminescence for non-volcanic origin of shocked quartz at the Cretaceous-Tertiary boundary: Nature, v. 334, p. 145-147.

[2] Carter, N. L., Officer, C. B., and Drake, C. L., 1990, Dynamic deformation of quartz and feldspar: clues to causes of some natural crises: Tectonophysics, v. 171, pp. 373-391.

完全匹配。撞击和火山爆发能产生不同类型的破坏看似合理，但火山爆发其实根本不是爆炸。它们事实上是压力减小事件，不会在岩石中产生冲击波。这场争论在 1988 年的第二次雪鸟会议上达到了高潮。在那次会议上，人们对火山石英颗粒的显微镜照片进行了仔细观察，以确定它们的变形带是否真的是平面的且以多组的形式出现，就像陨星坑中的石英一样。当讨论最终结束时，大多数参与者都认为真正受到冲击波影响的石英可以与火山岩中的石英区分开来，并且相信真正受到冲击波影响的石英可以作为撞击的证据。可人们总是难以达成一致。

　　被冲击波影响的石英至少暂时为撞击假说提供了证据，但它也提出了另一个严峻问题：石英是典型的陆地矿物，在海洋地壳中并不存在，如果撞击发生在海洋里，那怎么会有石英受到冲击呢？我能想出来的唯一解释是这些石英是一种深海沉积物，位于撞击点的海洋地壳顶层。我们中的一些人一直在寻找一个海洋陨星坑，但其他地质学家开始认为，被冲击波影响的石英是陆地撞击说的有力证据。他们最终被证明是对的。互相矛盾的证据使对陨星坑的搜索几年间一直处于混乱的状态。

更多疑问：印度与可疑的火山岩

　　整个 20 世纪 80 年代，关于 KT 界线的争论在很大程度上是分成两派的，一派认为大灭绝是撞击的结果，而另一派将其归因于大规模火山爆发。这两派的优势与劣势或多或少是对立的。撞击派认为：KT界线的异常铱含量、球状体和受冲击波影响的石英都提供了彗星或小行星撞击的证据，但找不到由撞击产生的巨大陨星坑。火山派的支持者在KT界线时期边界的黏土中没有找到有说服力的证据来证明发生过强烈的火山喷发，但是他们指出在印度有一次类似的火山喷发，大约发生在差不多的地质年代，形成被称为"德干地盾"的地貌。这一巨大的玄武岩群覆盖了印度西部的大部分地区，大约在KT界线时期就已经存在。弗吉尼亚理工大学的杜威·麦克莱恩（Dewey McLean）是第一个认为德干地盾的玄武岩和大灭绝之间存在联系的人。

杜威认为，德干的火山活动释放了大量的二氧化碳，引发了温室效应，可能导致物种灭绝。[1]我反驳说，这次灭绝的速度太快了，不可能是火山喷发的结果，火山喷发导致大灭绝至少要花一百万年的时间，而且德干地盾的年代定位也不是很准确。然而，在杜威看来，物种的灭绝并不是突然的，而是持续了几十万年甚至几百万年。杜威和我对KT界线的看法完全相反，我们的激烈交流使得一些科学会议活跃起来。

① McLean，D. M.，1982，Deccan volcanism and the Cretaceous-Tertiary transition scenario：a unifying causal mechanism：Syllogeus，v. 39，p. 143-144.

131

不过，即使在 KT 界线撞击的证据不断增加的同时，杜威·麦克莱恩关于德干地盾年代的观点也是正确的。法国科学界和政界的重要人物樊尚·库尔蒂约（Vincent Courtillot）启动了一个对德干玄武岩进行密集年代测定的项目，测量得出的数据越多，就说明这些玄武岩的年代越接近 KT 界线。[①]我和樊尚几年前在加利福尼亚一起工作过，我们一直是朋友。他只相信关于大灭绝的一部分证据，而我相信的是另一部分。我们在开会时也有一些精彩的交锋。

火山派支持者中最狂热的领头人是达特茅斯学院的查尔斯·奥菲瑟。作为一名杰出的工业地震学家，查克在 20 世纪 80 年代初将全部注意力转向了 KT 界线大灭绝之谜。在 1983 年和 1985 年，他和达特茅斯学院的同事查尔斯·德雷克发表了两篇关于撞击假说的长篇详细论文，探讨了其证据中可能存在的每一个缺陷。[②]查克不仅和我有强烈的分歧，而且和几乎所有支持撞击假说的人都是对立的。他一次又一次地让我们回去检验我们的论点是否真如我们所认为的那么有力。虽然十年

---

① Courtillot, V., Besse, J., Vandamme, D., Montigny, R., Jaeger, J.-J., and Cappetta, H., 1986, Deccan flood basalts at the Cretaceous/Tertiary boundary？: Earth and Planetary Science Letters, v. 80, p. 361 - 374; Courtillot, V. E., 1990, What caused the mass extinction? A volcanic eruption: Scientific American, v. 263 (October), p. 85 - 92.

② Officer, C. B. and Drake, C. L., 1983, The Cretaceous-Tertiary transition: Science, v. 219, p. 1383 - 1390; Officer, C. B. and Drake, C. L., 1985, Terminal Cretaceous environmental effects: Science, v. 227, p. 1161 - 1167.

都没有找到那个陨星坑确实令人沮丧，但这实际上是一件幸事，因为过早发现撞击点可能会让查克·奥菲瑟迫使我们在每一项证据上面对的强劲挑战变得短暂。

尤卡坦陨星坑的发现使得人们很难继续认为 KT 界线大灭绝是德干火山喷发导致的结果。然而，正如我们将在第七章中读到的那样，现在说火山爆发在大规模灭绝中没有起到作用还为时过早。

死亡之星"涅墨西斯"

与此同时，大自然还有其他难解的谜题使情况更加复杂：KT 界线大灭绝只是已知的几次大规模灭绝之一。1984 年，芝加哥大学的古生物学家戴夫·劳普和杰克·塞普科斯基重新检阅了化石记录，认为物种灭绝的周期是 2 600 万年。[①]戴夫给了我父亲一份论文的复印件，但父亲确信这种观点一定是错的。什么原因能够导致周期性的物种灭绝？父亲非常肯定至少 KT 界线大灭绝是由撞击引起的。还有什么事情比地球被大型小行星或彗星撞击更为随机的事件呢？

父亲让理查德·穆勒看了戴夫和杰克的论文并告之他自己

---

① Raup，D. M. and Sepkoski，J. J.，Jr.，1984，Periodicity of extinctions in the geologic past：Proceedings of the National Academy of Sciences，v. 81，p. 801 - 805.

对此观点的反对，但是随着对这些数据的仔细分析，理查德越来越确信戴夫和杰克可能发现了物种灭绝的真实周期性。父亲挑战了他的论点，要理查德解释撞击导致的灭绝如何以固定的频率发生。理查德提出了一个想法，即太阳可能有一颗距离遥远的伴星，每2 600万年靠近太阳一次，不知何故它会引发撞击地球的事件。一颗围绕太阳运行的伴星与其他所有独立于太阳运行的恒星都不同。

在理查德开始与天文学家马克·戴维斯（Marc Davis）和皮特·哈特（Piet Hut）探讨这个问题之前，一颗伴星如何能引发一连串的撞击这个问题一直是模糊不清的。当他们三人对这个问题感到困惑的时候，他们意识到尽管这颗假设的伴星永远不会离太阳过近以至于干涉到太阳系的行星，可在它与太阳距离最近的一段时间里，可能会因引力作用改变太阳系最外围的彗星的轨道。这将会使这些彗星中的一部分接近太阳，从而使得引发大规模灭绝的撞击的可能性大幅增加。所有的计算结果都是正确的，在他们提出这种周期性大灭绝机制的论文中，戴维斯、哈特和穆勒使用了"涅墨西斯"（Nemsis）这个名字指代那颗非常微小、暗淡、不起眼的太阳伴星，它可能一直存在于某个地方，尚未被发现。[1]

我向理查德建议，如果真的有这样一颗伴星，引发了周期

---

[1] Davis，M.，Hut，P.，and Muller，R. A.，1984，Extinction of species by periodic comet showers：Nature，v. 308，p. 715‒717.

性撞击，那么地球上陨星坑的年代应该显示出同样的周期性。当我们仔细回顾理查德·格里夫的陨星坑清单时，情况似乎确实如此。[1]有人对灭绝周期性提出了其他可能的解释[2]，也引发了一场针对统计证据有效性的激烈辩论。与之相关的故事在理查德的《涅墨西斯：死亡之星》中有很好的记述，书中对科学的认知方式与方法有许多深刻见解。[3]

理查德开始了对涅墨西斯的系统性搜索，就像大海捞针一样。他到如今都还没有找到，但我相信总有一天他会找到的。我猜想未来的科学家回顾这段时光时会感到很好笑，但我一直无法确定这一切是不是仅仅因为我们中的一些人沉迷于并不存在的周期性灭绝而编造了一颗伴星，又或者是大多数科学家并不想严肃对待这件事情，所以这颗足以改变我们对太阳系认知的伴星一直都没被发现。

[1] Alvarez, W. and Muller, R. A., 1984, Evidence from crater ages for periodic impacts on the Earth: Nature, v. 308, p. 718 – 720.

[2] Whitmire, D. P. and Jackson, A. A., IV, 1984, Are periodic mass extinctions driven by a distant solar companion?: Nature, v. 308, p. 713 – 715; Rampino, M. R. and Stothers, R. B., 1984, Terrestrial mass extinctions, cometary impacts and the Sun's motion perpendicular to the galactic plane: Nature, v. 308, p. 709 – 712; Whitmire, D. P. and Matese, J. J., 1985, Periodic comet showers and Planet X: Nature, v. 313, p. 36 – 38.

[3] Muller, R. A., 1988, Nemesis: the death star (The story of a scientific revolution): New York, Weidenfeld and Nicolson, 193 p. For another account, see Raup, D. M., 1986, The Nemesis affair: New York, W. W. Norton, 220 p.

更多疑问：铱含量异常真的代表了撞击？

就在 KT 界线撞击假说被详细阐述成一个关于太阳伴星和周期性灭绝的推论时，撞击的最初证据——铱含量异常——受到了抨击。有人在夏威夷基拉韦亚火山排出的气体中发现了铱，这让火山派的支持者又看起来像是正确的一方。[①]然而，很快又出现了相反的结论，证明火山气体中的铱与 KT 界线铱含量异常无关。

铱是六种铂族元素中的一种，它们都会被熔融的铁所吸引，因而集中在地核中，在地表则基本不存在。它们都可以因小行星和彗星撞击出现在地球上。年轻的俄罗斯物理学家格奥尔基·别科夫（Georgy Bekov）是莫斯科一个研究小组的一员。该小组开发了一种被称为激光光离子化的卓越分析技术，适用于测量铂族元素。[②]他和弗兰克·阿萨罗一起测量了 KT 界线中的三

① Zoller, W. H., Parrington, J. R., and Phelan Kotra, J. M., 1983, Iridium enrichment in airborne particles from Kilauea Volcano: January 1983: Science, v. 222, p. 1118－1121; Olmez, I., Finnegan, D. L., and Zoller, W. H., 1986, Iridium emissions from Kilauea Volcano: Journal of Geophysical Research, v. 91, p. 653－663.

② Bekov, G. I., Letokhov, V. S., Radaev, V. N., Badyukov, D. D., and Nazarov, M. A., 1988, Rhodium distribution at the Cretaceous/Tertiary boundary analysed by ultrasensitive laser photoionization: Nature, v. 332, p. 146－148.

种元素（铱、钌和铑）。格奥尔基和弗兰克发现，在 KT 界线，这些元素的含量比例与陨星中相同。火山喷发物中铂族元素的比例则完全不同，因为它们在地球内部进行的化学过程中表现不同。因此，这些数据给了格奥尔基和弗兰克一个线索，把铱含量异常与外星体的撞击联系在一起，而不是火山爆发。

与此同时，在 20 世纪 80 年代，有一个麻烦的问题需要解答。许多科学家质疑 KT 界线的铱含量异常在其他地层记录中是否也存在。"你怎么知道在许多其他地层里没有铱含量异常？这是否由一些常见的地质原因引发，比如火山爆发？"他们会这样问。有必要一提的是，在伯克利或其他少数几个能做这项工作的实验室中，每一次通过中子活化进行的铱分析都是费时和昂贵的。我们没有足够的资金分析密集样品，进而来寻找分散的铱含量异常的地层。

父亲开始研究一种能够快速、廉价地进行铱分析的方法。他花了几个月的时间，最终把几个聪明的策略融合在一起，发明了新的中子活化机来进行大规模铱含量分析。1986 年，父亲的专用铱分析仪已经准备好进行测量。此时，我们可以通过地层记录系统地寻找铱，以便确认铱含量的异常究竟是普遍存在，还是罕见的现象。

用于检测的是古比奥的斯卡利亚石灰岩，就是在那里发现了第一个 KT 界线铱含量异常。桑德罗·蒙塔纳里采集了数以百计的小块斯卡利亚石灰岩样本。它们之间的间隔非常紧密，以至于没有明显的铱含量异常隐藏其间。弗兰克和海伦花了几个月来检测这些石灰岩样本，当他们完成的时候，显然根本没有其他铱含量异常的情况可以与恐龙灭绝时相提并论①——强烈的撞击是罕见的。我父亲作为发明家的本领使他解决了一个麻烦的问题。②

桑德罗·蒙塔纳里在他的移动实验室里。

---

① Alvarez，W.，Asaro，F.，and Montanari，A.，1990，Iridium profile for 10 million years across the Cretaceous-Tertiary boundary at Gubbio（Italy）：Science，v. 250，p. 1700－1702.

② 1995 年 10 月，在劳伦斯伯克利实验室举办的一个特别仪式上，弗兰克正式命名这台仪器为"路易斯·W. 阿尔瓦雷斯铱符合光谱仪"。

掩埋于曼森的陨星坑

在寻找 KT 界线陨星坑的过程中还有一个问题。我们不确定是否应该寻找一个巨大的陨星坑，或者是否可能有两个或更多的陨星坑。多个陨星坑的可能性与彗星雨的概念联系在一起——无论有没有"涅墨西斯"，因为彗星雨可能会导致在接近 KT 界线的时期发生多次撞击。1984 年，我父亲组织了一次有关周期性大规模灭绝问题的会议。在那次会议上，理查德首先指出彗星雨可以在大约 100 万年的时间里对地球产生多重撞击，并提出这样一连串的撞击能解释比尔·克莱门斯和其他古生物学家根据化石记录推断出的逐渐灭绝说。[①]

当然，这一观点意味着，逐渐灭绝其实是在很短时间内以几个突然的步骤发生的。科罗拉多大学的古生物学家埃尔勒·考夫曼（Erle Kauffman）领导了证明此观点是否可行的项目。这是一项严峻的挑战，正好达到了化石记录解析的极限，而且对于不同的大灭绝，化石记录可能也是不同的。

这也意味着陨星坑的年龄应该在时间上紧密地聚集在一起，在地层记录中也应该有大量的撞击喷射物。吉恩·休梅克

---

① Agiannis，M. D.，ed.，The search for extraterrestrial life：recent developments：Dordrecht，Riedel，p. 233 - 243.

和桑德罗·蒙塔纳里对此尤为感兴趣。他们与多位同事所做的工作已经非常清楚地表明：在大约 3 400 万年前，在始新世—渐新世界线附近，发生过多次陨星撞击。[1]

彗星雨和多次撞击的想法也暗示了一个解决老问题的可能方案。为什么 KT 界线球状体表明在海洋中发生过撞击，而受到冲击波影响的石英则显示撞击发生在陆地上？事实上可能有两次撞击——一次在海洋，一次在陆地。美国西部的 KT 界线有两处岩层，较低的一层含有球状体，较高的一层则还有被冲击波影响的石英。两处岩层互相接触，但不是连在一起的。[2]它们看起来确实像是受到不同的撞击产生的。此外，附近还有一个陨星坑，看起来可能是造成上层异常石英的原因。

在艾奥瓦州中部的曼森镇附近，人们发现了一个巨大的陨星坑。曼森陨星坑直径为 35 千米，还没有大到可以造成大灭绝，因为这般大小的陨星坑的数量比大灭绝的次数多很多。[3]

[1] Hut, P., Alvarez, W., Elder, W. P., Hansen, T., Kauffman, E. G., Keller, G., Shoemaker, E. M., and Weissman, P. R., 1987, Comet showers as a cause of mass extinctions: Nature, v. 329, p. 118 - 126; Montanari, A., 1990, Geochronology of the terminal Eocene impacts: an update: Geological Society of America Special Paper, v. 247, p. 607 - 616; Montanari, A., Asaro, F., and Kennett, J. P., 1993, Iridium anomalies of late Eocene age at Massignano (Italy), and ODP Site 689B (Maud Rise, Antarctica): Palaios, v. 8, p. 420 - 437.

[2] Izett, G. A., 1990, op. cit.

[3] Hartung, J. B. and Anderson, R. R., 1988, A compilation of information and data on the Manson impact structure: Houston, Lunar and Planetary Institute, 32 p.

初步进行的年代确认显示，曼森陨星坑与 KT 界线的年代大致相同，基岩中石英的含量也很丰富。看来，大自然的诡计终于被识破。KT 界线发生过两次撞击。大陆撞击点位于曼森，对海洋的撞击可能撞在了地壳上，已经被板块俯冲给抹去，永远不会被发现了。我们终于"拆穿"了大自然的诡计，这让人很高兴。但现在高兴还为时太早，事实上，我们又要被大自然耍弄了。

吉恩·休梅克、大卫·罗迪（David Roddy）、雷·安德森（Ray Anderson）和杰克·哈通（Jack Hartung）在曼森组织了一个钻探项目。他们发现了撞击在岩石上留下的壮观痕迹，这些岩石里满是受冲击波影响的石英。[①]但当这些岩石被确定年代时，人们发现它们的年代是 7 400 万年前，明显比 KT 界线的年代（6 500 万年）要早。这份数据让人们知道去哪里的岩石记录中寻找撞击碎片，果然，在南达科他州，格伦·伊

---

① Anderson, R. R., Hartung, J. B., Shoemaker, E. M., and Roddy, D. J., 1991, New research core drilling in the Manson impact structure, Iowa: A first look at the spectacular rocks formed at a K-T boundary impact site: Geological Society of America Abstracts with Programs, v. 23, p. A402; Koeberl, C. and Anderson, R. R., eds., 1996, The Manson impact structure, Iowa: anatomy of an impact crater: Geological Society of America Special Paper, v. 302, 468 p. Steiner, M. B., 1996, Implications of magneto-mineralogic characteristics of the Manson and Chicxulub impact rocks, in Ryder, G., Fastovsky, D., and Gartner, S., eds., The Cretaceous-Tertiary event and other catastrophes in Earth history: Geological Society of America Special Paper, v. 307, p. 89 – 104.

泽特发现了来自曼森撞击的喷射物，位置远低于 KT 界线的岩层。[1]

曼森陨星坑只是 KT 界线灭绝谜案中另一个转移人们视线的东西。当曼森陨星坑从目标清单中被除名之后，我们终于找到了正确的方向。

父亲没能知道这些事。他于 1988 年去世。十年来，他一直置身于地球史上那些最激动人心的研究中心。他很高兴自己克服了大自然为人类在寻找撞击点的道路上设下的重重障碍。我们最终发现了末日陨星坑，他对此一定会很欣慰。

---

[1] Izett, G. A., Cobban, W. A., Obradovich, J. D., and Kunk, M. J., 1993, The Manson impact structure: 40Ar/39Ar age and its distal impact ejecta in the Pierre Shale in southeastern South Dakota: Science, v. 262, p. 729 – 732.

第六章

末日陨星坑

在 20 世纪 80 年代的十年间，人们发现了越来越多用以支持 KT 界线大灭绝撞击理论的证据，但撞击地点仍然是个谜题，叫人沮丧。

在几乎完美地隐藏了犯罪线索的悬疑故事中，通常会有转移注意力的东西来迷惑侦探。在我们的"案件"中，指向海洋撞击的信息就是误导性的证据，在前一章里它已经被排除了。然而，在一个谜团之中，总会隐藏有某个微小的漏洞。侦探层层剥离，最终发现破绽，所有的伪装将土崩瓦解，罪犯暴露在光天化日之下。这就是寻找 KT 界线陨星坑的方法。大自然的伪装近乎完美，但海啸成了那个破绽。

一次强烈的海洋撞击会产生一场超强的海啸，能够侵蚀正常海浪无法抵达的深海海床。当海啸到达大陆边缘时，它会形成可能有 1 千米高的巨浪，然后浪墙在海岸附近轰然倒塌。沿海的森林会被冲毁，海岸的砂石会被震得松动，滑入深海，形成巨大的、流化的海底滑坡，地质学家称之为"浊流"。浊流会导致被称为浊积岩的沙层沉积。如果我们能在靠近海洋边缘的地方发现海啸沉积物，并在其边界处发现浊积岩，就能把那片海洋认定为撞击的地点。

可我们现在知道，撞击并没有发生在海洋里。撞击点位于尤卡坦半岛的大陆地壳上。在海平面以上或略低于海平面的地方，不应该引发强烈的深水海啸。如果大自然的伪装是完美的，那么在任何地方都不会找到海啸沉积物。就算我们一直寻找下去，也终究是徒劳无功。

然而，此处存在一个小小的破绽。撞击发生在大陆上，但离海洋很近。只要距离足够近，这样一来，海啸无论如何都会在邻近的海洋中产生。可能是因为撞击后的碎片落入附近的深水中，也可能是因为撞击所引发的地震波或海底滑坡。确切的引发机制尚不清楚，但在陨星撞击尤卡坦半岛之后，海啸确实迅速从撞击地点开始向周围扩散。海啸留下了证据，表明它曾穿过一片被沉积物覆盖、被破坏了的海底——这就是我们正在寻找的证据。多年来，我们被戏耍了好几次，但终于，我们就快要发现这个近乎完美的谜团中的漏洞了。

海地与得克萨斯

弗洛朗坦·莫拉斯（Florentin Maurrasse）是佛罗里达国际大学的一位海地裔美国地质学家。从 20 世纪 70 年代起我们就一直是朋友，那时我们都还是哥伦比亚大学拉蒙特-多尔蒂地质观测站的研究人员。许多年前，弗洛朗坦在海地南部半岛的贝洛克镇附近发现了一处深海 KT 界线。贝洛克裸露在外的岩层处有一个粗糙的砂质层。弗洛朗坦在许多人开始关心 KT 界线并寻找答案之前就发现了它。他在 1980 年发表了一篇关于贝洛克发现的论文[1]，这篇论文与最初我们关于铱的论文是同一年发表的。后来，他了解到我们的工作，就把样本送到了伯克利。弗兰克和海伦在其中发现了铱含量异常，因此贝洛克成为在研究早期就被确认的地点之一。[2]那时还为时过早，我们尚未意识到需要寻找浊积岩，贝洛克的砂质层也就显得并不是特别重要。随着对更多 KT 界线地点的搜索不断进行，贝洛克也只是简单地出现在不断增长的地点清单上面。那里很偏远，很少有地质学家愿意去，也没有人意识到贝洛克埋藏着关于海啸的证据。大家都觉得重要线索应该在别的地方。

布拉索斯是横贯得克萨斯州南部并流入墨西哥湾的众多河流中的一条。沿海平原的沉积物非常平缓地向南倾斜，布拉索斯河在通往海湾的路径中，不断穿过年代越来越晚的地层。这些软质沉积物没有多少暴露在外，但在韦科和科利奇两地之间，河流会穿过一些由硬砂层形成的低洼急流。20 世纪 80 年代初，这一地区引起了得克萨斯州立大学古生物学家托尔·汉森（Thor Hansen）的注意。托尔进行了详细的样本采集，结

① Maurrasse，F. J.-M. R.，1980，New data on the stratigraphy of the Southern Peninsula of Haiti，in F. J.-M. R. Maurrasse，ed.，Présentations Transactions du 1er Colloque sur la Géologie d'Haïti：Port-au-Prince，p. 184 - 198.

② Alvarez，W.，Alvarez，L. W.，Asaro，F.，and Michel，H. V.，1982，Current status of the impact theory for the terminal Cretaceous extinction：Geological Society of America Special Paper，v. 190，p. 305 - 315.

果显示，硬砂层位于 KT 界线年代，他意识到这不同于 KT 界线上方和下方的细粒海洋沉积物。[1]特德·邦奇（Ted Bunch）和罗莎莉·马多克斯（Rosalie Maddocks）也向弗兰克和海伦寄送了相关样本，都如预期一般发现了铱含量异常。但这些样本和贝洛克样本一样，当时没有人意识到其中的重要性。

　　我相信第一个意识到布拉索斯硬砂层可能具有重大意义的人是扬·斯密特。扬在世界各地研究过的 KT 界线地点比任何人都多，当他在 20 世纪 80 年代初第一次来到布拉索斯时，就发觉那里的硬砂层不同寻常。1985 年 1 月 4 日，在一篇与托恩·罗迈因（Ton Romein）共同发表的论文[2]中，扬对此发表了这样的评价："这可能是我们找到的第一份关于撞击引发海啸的相关样本。"

　　鉴于海啸对沿海地区的危害，人们对其有很多研究，但对它的沉积物几乎一无所知，因为在地层记录中很少发现这种沉积物。即使是像扬这样有经验的沉积学专家也不知道大海啸的沉积物会有什么样的特征。最后，布拉索斯的硬砂层引起了华盛顿大学沉积学专家乔迪·布儒瓦（Jody Bourgeois）的注意。我和弗洛朗坦在哥伦比亚大学读书时，乔迪也在那里。她对巨

---

① Hansen，T.，1982，Macrofauna of the Cretaceous/Tertiary boundary interval in east-central Texas，in R. F. Maddocks，ed.，Texas Ostracoda：Houston，Department of Geosciences，University of Houston，p. 231 – 237.

② Smit，J. and Romein，A. J. T.，1985，A sequence of events across the Cretaceous-Tertiary boundary：Earth and Planetary Science Letters，v. 74，p. 155 – 170.

大海啸的沉积物特别感兴趣。她可能比其他任何一位沉积学家都更了解海啸的沉积物。乔迪召集了一个团队到布拉索斯进行详细研究。从他们的工作中可以清楚地看出，只有无比强烈的海啸才能解释布拉索斯硬砂层的那些特征。[①]

讽刺的是，我们竟然过了这么久才认识到布拉索斯和贝洛克的重要性。回想起来，我们这些研究者中的任何一个都有机会早早发现撞击地点在墨西哥湾加勒比海地区。但我们都没有，因为在数百位科学家发表的大量数据中，真正的线索并不明显。到 20 世纪 80 年代末，我们知道有超过 100 个 KT 界线地点存在铱含量异常和其他各种有趣的现象，而布拉索斯并没有特别引人注目，直到乔迪·布儒瓦和她的同事证明它包含海啸沉积物，且恰好在 KT 界线时代。

那时，需要的是一个绝对专注于寻找海啸源头的人，一个相信布拉索斯有着最重要线索的人，一个在找到罪魁祸首之前不会善罢甘休的人。这本是我应该做的，但彼时我对那些著名的候选地点更感兴趣，比如印度的德干地盾和艾奥瓦州的曼森陨星坑。我甚至经常怀疑撞击点真的在海洋地壳上，如今已经被俯冲抹去了。艾伦·希尔德布兰德（Alan Hildebrand）才是那个拨云见日的侦探。

---

① Bourgeois，J.，Hansen，T. A.，Wiberg，P. L.，and Kauffman，E. G.，1988，A tsunami deposit at the Cretaceous-Tertiary boundary in Texas：Science，v. 241，p. 567－570.

艾伦·希尔德布兰德对陨星坑的寻找

艾伦是加拿大人，20世纪80年代初来到美国，在亚利桑那州立大学随比尔·博因顿学习。对于一个研究生新生来说，最重要的任务是为博士论文选择一个具有足够挑战性和意义的主题，但又不至于难到不可能研究成功。自此，他专注于研究KT界线。他不断摸索，终于发现了问题的核心所在。他先是研究了撞击造成火山爆发的可能性，然后又发现了一些关于海洋撞击的误导性证据。[①]

到1988年，艾伦认为布拉索斯的海啸沉积物是找到陨星坑的关键。他知道海啸只可能来自得克萨斯南部，因为那是6 500万年前深海的方向，和现在一样。他的理由是，撞击地点不可能离得克萨斯州太远，因为墨西哥湾是一片封闭的水域，不会受到任何来自远处的海啸的影响。艾伦相信了当时普遍认为的撞击发生在海洋地壳上的观点，并把注意力集中在了墨西哥湾和加勒比海地区。

---

① Hildebrand，A. R.，Boynton，W. V.，and Zoller，W. H.，1984，Kilauea volcano aerosols：evidence in siderophile element abundances for impact-induced oceanic volcanism at the K/T boundary：Meteoritics，v. 19，p. 239 - 240；Hildebrand，A. R. and Boynton，W. V.，1987，The K/T impact excavated oceanic mantle：evidence from REE abundances：Lunar and Planetary Science，v. 18，p. 427 - 428.

在不断搜索中，艾伦一次次回到布拉索斯，试图从海啸沉积物中提取出每一条模糊的信息和证据。他梳理了关于墨西哥湾和加勒比海地区的著作以及地图，寻找着任何可能象征撞击碎片的迹象，或任何可能象征着陨星坑的大型环形地形。他在哥伦比亚北部加勒比地区的地图上发现了一处模糊的圆形地势，并了解到尤卡坦半岛北部海岸的重力异常。尤卡坦半岛看起来很有希望，哪怕它位于大陆地壳上。

在 1990 年的会议上，艾伦谈论了他正在做的事情，他开始让其他人对墨西哥湾和加勒比海感兴趣。出于某种原因，我对布拉索斯从来没有什么特别深刻的印象，但在 1990 年初的一天，我产生了一个新的想法来寻找海啸的证据——不是寻找海啸的沉积物，而是寻找因海啸侵蚀而在沉积记录中留下的断层。我的理由是，海洋撞击会导致海啸冲击周围所有的海岸线，侵蚀大陆边缘的沉积物。会议结束后，对断层的搜寻将开始进行，其结果将找到一个缺口——沉积记录中一部分的缺失，位于白垩纪沉积物的上方，而第三纪底层沉积物则保存完好。即使撞击地点位于被俯冲的海洋地壳上，海啸对周围大陆边缘的侵蚀也可能揭示陨星坑的位置。

我浏览了海洋钻探工程所拍摄的数百个沉积物岩芯的记录，世界上只有一个地方在记录中有这样一个缺口，那就是墨西哥湾。我尽快赶往拉蒙特的岩芯档案馆，研究了 77 号钻井平台在墨西哥湾取得的岩芯。就在白垩纪顶部缺失的裂缝上方，有一层奇怪的砂层，砂层上有波纹，这说明在这片通常很宁静的深水环境中出现了强大的水流，而砂层中充满了可能是玻璃蚀变形成的黏土斑点。这会是在海啸中沉积下来的因撞击熔制的玻璃颗粒吗？突然间，我开始认真思考起艾伦的观点来。

菲利普·克拉埃(左)和艾伦·希尔德布兰德在得克萨斯州布拉索斯河边的一个KT 界线突起处。 第一个海啸硬砂层就是在那里发现的。

关于尤卡坦半岛重力异常情况，几乎没有任何相关文献记载。那里很可能有一个已经被深埋的陨星坑。艾伦便去寻找那些了解尤卡坦半岛地质结构的人，他是 KT 界线研究人员中第一个见到安东尼奥·卡马戈（Antonio Camargo）和格伦·彭菲尔德（Glen Penfield）的人。最后，在 1991 年，艾伦和彭菲尔德、克林、皮尔金顿、卡马戈、雅各布森以及博因顿共同发表了一篇论文，题为《希克苏鲁伯陨星坑：KT 界线撞击可能发生在墨西哥尤卡坦半岛》。[①]

　　这篇论文的发表是一颗重磅炸弹。末日陨星坑终于被发现了！海啸成为关键线索，尽管撞击是在大陆地壳上发生的。大自然把陨星坑埋了起来，在地表上完全看不见它，但是海啸把撞击的证据带到了得克萨斯州。托尔·汉森的测定、扬·斯密特的直觉、乔迪·布儒瓦的细致研究、艾伦·希尔德布兰德的不懈探索终于有了成果。我们学习了"希克苏鲁伯"（Chicxulub）的拼写，发现它是一个玛雅语单词。之后我们听到了格伦·彭菲尔德和安东尼奥·卡马戈十年前就知道的那个不寻常的故事。

安东尼奥·卡马戈和格伦·彭菲尔德

　　在小说《马德雷山脉的宝藏》的开篇几章中写道：亨弗莱·鲍嘉是一位大萧条时期在墨西哥坦皮科油田工作的美国工人。坦皮科是位于墨西哥湾沿岸的墨西哥石油之都。1938 年，就在小说描述的那个时代过去不久，开发石油的外国公司就被

----

① Cornejo T., A. and Hernandez O., A., 1950, Las anomalías gravimétricas en la Cuenca Salina del Istmo, Planicie Costera de Tabasco, Campeche y Península de Yucatán: Boletín de la Asociación Mexicana de Geólogos Petroleros, v. 2, p. 453 – 460.

该国总统拉扎罗·卡德纳斯驱逐出境了。自傲而独立的墨西哥决定单干，于是墨西哥国家石油公司发展成为一家大型国有石油公司。五十年来，墨西哥以外的地质学家对该公司的业务知之甚少。

墨西哥的地质学家和地球物理学家在本国勘探石油，发现了许多巨大的油田。他们碰壁的地方之一就是尤卡坦半岛北部平坦的海岸平原，尽管一开始那里看起来很有开发的潜力。寻找石油的第一步是进行重力测量——测绘重力的微小变化，这些变化反映了岩石密度在地底深处的变化，进而找到可能含有石油的地下结构。尤卡坦地区最初的重力测量发现地下深埋着一个巨大的圆形结构体①，以梅里达附近北海岸的希克苏鲁伯港为中心。

153

我猜想墨西哥的地质学家对这种巨大的重力特征背后潜在的石油价值一定感到非常兴奋。然而，在1952年进行钻探时，他们的兴奋肯定变成了失望。钻到大约1千米深的第三纪沉积物后，钻头开始碰上坚硬、致密、结晶的岩石，与发现石油的多孔沉积岩完全不同。化学分析得出的岩石成分与安山岩相似。安山岩是一种常见的火山岩，分布在北美洲西部的大部分地区，俯瞰墨西哥城的山岭就是这种岩石构成的。墨西哥国家

---

① Penfield, G. T. and Camargo Z., A., 1981, Definition of a major igneous zone in the central Yucatán platform with aeromagnetics and gravity: Society of Exploration Geophysicists Technical Program, Abstracts, and Biographies, v. 51, p. 37.

石油公司的地质学家断定，他们发现了一座地下火山。人们在火山中找不到石油，在屡次空手而归后，尤卡坦地区的开采项目终止了。我们现在知道它不是一座火山，但我们不能批评那些墨西哥的地质学家，因为在1950年，世界上可能只有不到六个人能意识到这些结晶岩石不是火山的安山岩，而是撞击熔融岩。

　　然而，墨西哥国家石油公司的科学家还是比其他人更早找到了正确的解释。地球物理学家安东尼奥·卡马戈·扎诺格拉1940年出生在希克苏鲁伯，美国地球物理学家格伦·彭菲尔德为墨西哥国家石油公司提供咨询服务，他们在20世纪70年代对尤卡坦半岛北部进行了详细研究。除了安山岩，希克苏鲁伯和火山没有更多相似之处。为了解释这些奇怪特征，他们开始怀疑那里可能有一个陨星坑。他们研究了当时能够找到的关于撞击的所有书籍，发现全部特征都吻合，只是希克苏鲁伯比地球上任何已知的陨星坑都要大得多。地质学家往往希望在科学文献中报告他们的研究结果，但是那些为石油公司工作的人却很少发表论文，因为他们研究的大部分信息都是保密的。彭菲尔德和卡马戈在1981年只做了一次简短的公开演讲，并在议会计划中附上了摘要。①多么讽刺啊！在那前一年，我们发表了KT界线撞击的证据，但花了十年时间才把两者联系在一起。

---

① Muir，J. M.，1936，Geology of the Tampico region，Mexico：Tulsa，American Association of Petroleum Geologists，280 p.

回想起来，我认为希克苏鲁伯与 KT 界线之间建立联系被拖延很长时间其实是一件好事。在发现陨星坑之前的十年间，人们对这个问题进行了数百次仔细调查，对 KT 界线了解得非常多。如果很早就发现陨星坑的话，那大家很可能不会再花时间对 KT 界线进行深入探究。即便如此，在我们寻找希克苏鲁伯陨星坑的那些年里，在墨西哥国家石油公司的档案里就藏着一份关于希克苏鲁伯陨星坑的详细研究报告。最后，当艾伦·希尔德布兰德让尤卡坦半岛的陨星坑引起 KT 界线研究者的注意后，卡马戈和彭菲尔德终于开始谈论他们曾做过的工作。很久以后，在 1994 年休斯敦举行的第三届雪鸟会议上，安东尼奥·卡马戈全面地介绍了他们的研究成果——他和格伦·彭菲尔德在十三年前对 KT 界线陨星坑的了解，以其众多细节和复杂性给听众留下了深刻印象。

阿罗约·米姆维尔的海啸沉积层

希克苏鲁伯陨星坑的发现改变了 KT 界线的研究方向。我们中的许多人都想分析撞击熔岩，但陨星坑埋得很深，我们无法直接采集样本。人们把目光转向了墨西哥国立石油公司旧油井的岩芯。这种岩芯变得炙手可热，有了很大需求。不幸的是，有一份报告说，所有的岩芯都在一个仓库里被销毁了。格伦·彭菲尔德认为在尤卡坦半岛的老井场周围可能还有一些遗弃的岩芯，于是我们后来就看到了一些非常有趣的纪录片镜头：格伦在一堆猪粪中挖掘，因为村民们说，三十年前，钻井机的位置就在那里。不幸的是，格伦在猪粪中什么也没找到。"地质学不像物理学那样是一门优雅的科学。"我如是告诉理查德·穆勒。

在可预见的将来，深埋的陨星坑仍会是遥不可及的。我们能做什么呢？幸运的是，扬·斯密特从1990年12月开始，在伯克利待了几个月。那时候希克苏鲁伯在地质学家中的热度正好达到顶峰。扬、桑德罗和我扪心自问，在低预算的情况下，我们可以做些什么来测试希克苏鲁伯是否真的是KT界线的撞击点。最大的问题是陨星坑的年代，它和KT界线的年代完全一样吗？它可能较早或较晚，甚至与物种灭绝无关？这将是一场严峻的考验。

陨星坑被深埋在地底，无法接近，所以我们决定寻找离希克苏鲁伯最近的地方。KT界线的沉积物只要暴露在地表，像我们这样的地质学家就可以找到它们。看起来最好的地方是墨西哥东北部。沉积在墨西哥湾的白垩纪晚期和第三纪早期的沉积物后来被抬升，如今暴露在干旱的沙漠中。很难找到与那里相关的地质学论文。当然，墨西哥石油公司的地质学家对该地区了如指掌，但他们的研究结果一定是在公司报告中，而不是在国际文献中。我们搜索了伯克利的地球科学图书馆，结果令人失望。我们唯一可以找到的是美国地质学家约翰·M.缪尔（不是著名博物学家）的一本书，可溯及1936年前亨弗莱·鲍嘉的时代，正在墨西哥石油工业被国有化之前。①在现代科学界，一本五十年前的书成为解决问题的关键可不常见。但我们对缪尔描述的听起来像砂层的东西很感兴趣，这个东西就在维多利亚城附近的 KT 界线。我们决定去那里寻找暴露在外的 KT 界线岩层。我们在计划这次旅行的时候，何塞·隆戈里亚（José Longoria）和玛尔塔·甘佩尔（Marta Gamper）给了我们种种建议，我们从中收获颇丰。他们是一对长期在墨西哥东北部研究微化石的古生物学家夫妻。②

　　1991 年 2 月，我、桑德罗、米莉和一位名叫妮科拉·斯温伯恩（Nicola Swinburne）的英国博士后研究员踏上旅程，去

---

① Gamper, M. A., 1977, Acerca del límite Cretácico-Terciario en México: Universidad Nacional Autónoma de México, Instituto de Geología, Revista, v. 1, p. 23 - 27; Gamper, M. A., 1977, Bioestratigrafia del Paleoceno y Eoceno de la Cuenca Tampico-Mislanta basada en los foraminíferos planctónicos: Universidad National Autónoma de México, Instituto de Geología, Revista, v. 1, p. 117 - 128; Gamper-Longoria, M. A. and Longoria, J., 1984, Foraminiferal biochronology at the Cretaceous/Tertiary boundary: Geological Society of America Abstracts with Programs, v. 16, p. 84.

② Sigurdsson, H., D'Hondt, S., Arthur, M. A., Bralower, T. J., Zachos, J. C., Van Fossen, M., and Channell, J. E. T., 1991, Glass from the Cretaceous-Tertiary boundary in Haiti: Nature, v. 349, p. 482 - 487; Izett, G. A., 1991, Tektites in Cretaceous-Tertiary boundary rocks on Haiti and their bearing on the Alvarez impact extinction hypothesis: Journal of Geophysical Research, v. 96, p. 20, 879 - 20, 905; Maurrasse, F. J.-M. R. and Sen, G., 1991, Impacts, tsunamis, and the Haitian Cretaceous-Tertiary boundary layer: Science, v. 252, p. 1690 - 1693; Lyons, J. B. and Officer, C. B., 1992, Mineralogy and petrology of the Haiti Cretaceous/Tertiary section: Earth and Planetary Science Letters, v. 109, p. 205 - 224.

墨西哥东北部寻找暴露在外的 KT 界线岩层。我们一边听着歌颂潘乔·维拉和墨西哥大革命的当地民谣，一边在风景优美的山峦和沙漠中搜寻了好几天，结果是什么都没有找到。我们一路南下，不断检测一处处地点，哪怕这些地点还无法确定下来。随着时间延长却不断落空，挫败感越来越强。几年前，我和扬在墨西哥这一地区旅行时，曾经看到过两处看起来很普通的 KT 界线地点，但不像是海啸沉积的迹象。可现在我们连这些地点也找不到了。这里距离希克苏鲁伯只有几百千米，如果 KT 界线没有特别的记录保存，也就是说在历史上一直是平静、未被干扰的状态，那么希克苏鲁伯就不可能是撞击点，我们就会被打回原形，回到起点。

在我们候选地点的清单中，最南边的是缪尔的家乡，而汽车故障让我们几乎不可能到达那里。旅程的最后一个下午，我们在一个叫阿罗约·米姆维尔的干涸河床上寻找着。只要有一块基岩从乱石堆中露出来，扬就会用他的手持放大镜去进行研究，并报告其中有孔虫的年代。他说，这些有孔虫的年代越来越接近第三纪的初期。车道很粗糙，河床也呈倾斜状，我们只能慢慢地挪动。随着太阳开始向地平线下沉，我们终于接近了 KT 界线岩层。最后，阿罗约河低矮的岩壁变成了高耸的断崖，在那里有着我们在几十千米内看到的最大的岩石。我们带着越来越兴奋的心情匆匆赶过去，看到了我作为地质学家三十年来所见过的最神奇的岩层。我们爬过岩石，大声喊出一个又一个惊人的发现。这时天色已经渐渐暗了下来。"看看现在的砂层!""嘿——这里全是球状体!""这些木头化石怎么会在深水沉积物里面?"当我们走到底时,才不情愿地回头。阿罗约·米姆维尔证实了一条众所周知的地质学定律——在一次实地考察中,最好的突出处总是在最后一天,也总是在天黑的时候,在最偏远的地方被发现。

回到维多利亚城,我们召开了紧急会议。我和自己的内心作了一番斗争。现在看来,我犯了一个错误:错失了一次伟大科学发现的机会。米莉、尼古拉和我决定回伯克利,但扬和桑德罗改变计划,买了砍刀和炊具,去阿罗约·米姆维尔露营。在接下来的一个星期里,他们研究、测量、绘制、取样并将突出处拍成照片。他们的故事开始成为焦点。

阿罗约·米姆维尔早在白垩纪晚期和第三纪早期就已与墨西哥湾分离。在这种深水条件下,没有能够运送来砂子的水流。只有泥灰岩——一种细粒黏土和碳酸钙的混合物——才能在这种环境中沉积。微小的黏土颗粒在海洋中漂流了很长一段距离,在那里它们与有孔虫的碳酸钙微化石甲壳混合在一起,后者是在有孔虫死亡后沉降到海底的。有孔虫使精准确定年代成为可能,而且这里的界线岩层比大多数其他 KT 界线地点厚了 100 倍。在与 KT 界线相对应的位置,一处 3 米厚的砂层打断了之前平静的沉积,与宁静的深海环境格格不入。扬和桑德罗在砂层上发现了三个不同的部分,或称为细分部分,没有迹象表明这三个部分之间有任何较长的时间间隔。据他们所知,这三个部分可能是在几天之内沉积的。以下是他们描述的每个部分的内容，以及他们的解释：

首先，在底部，有 1 米深的当地深水沉积物从海床上剥离出来，与撞击产生的碎片和大块的石灰岩混合在一起。我们现在怀疑这些东西是尤卡坦半岛撞击时喷出的碎片。第一部分似乎记录了海啸的经过。猛烈的海啸从撞击地点横空而出，瞬间打破了海底的宁静。同时，来自希克苏鲁伯的液体喷射物像雨点一样穿过大气层降落到海面。

其次，在海啸沉积物的上方，是厚度为 2 米的砂层。这是一个内容复杂的砂层，其构成与底部的砂层大不相同。这层砂子来自当时的墨西哥海岸线，在海啸抵达海岸时，由于与海水混合，砂子似乎在剧烈的冲击中流化了。流化的砂子随着海底浊流快速沿陡峭的大陆边缘向下流动，最终失去动力之后，在平坦的海底沉积为浊积层。作为其来自沿海地区的一个证据，砂层里包含有树木的化石，这显然不可能来自深海。它的存在证明了墨西哥沿海森林遭海啸巨浪破坏的情况。

最后，在顶部，是有波纹的砂子和细黏土交替的河床。可能有几道被称为"假潮"的大浪在封闭的墨西哥湾中来回翻涌，这是由海啸的余波造成的。弗兰克在假潮沉积物顶部发现了铱含量异常现象。铱来自撞击天体气化时产生的微小颗粒，这些微小颗粒在海水完全回归平静之前是无法沉降的。

在这个复杂而信息丰富的 KT 界线地点之上，沉积又变得平静起来，仿佛什么也没发生过。只不过，在海洋中生活的大多数有孔虫都灭绝了。很难想象哪里还有比这里更清楚的证据证明 KT 界线所发生过的撞击。希克苏鲁伯的喷射物完全混合在海啸沉积物中，正好处于大灭绝所在的地层位置。

扬·斯密特指着位于墨西哥东北部阿罗约·米姆维尔的 KT 界线突出的底部。在那里，就在撞击发生后，海啸波扫荡了墨西哥湾的深水区域。

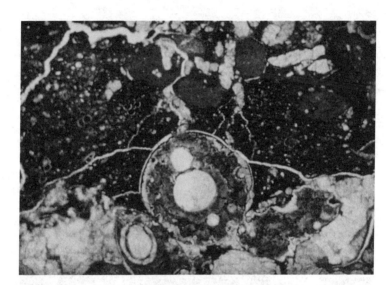

阿罗约·米姆维尔的 KT 界线岩层底部的显微镜照片，其中包含有直径约 1 毫米的小球粒，里面有气泡。该球粒最初是撞击熔体，但现已变为黏土。球粒被推进了一片可以看到有孔虫甲壳的海泥碎片里。较小的、灰色的、有棱角的物体是石灰岩碎片，可能是从尤卡坦半岛的撞击点被炸出来的。

玻 璃!

桑德罗和扬带着许多样品回到了伯克利，其中包括一块巨大的砂岩，里面塞满了来自被海啸破坏的沿海森林里的化石木材。在米姆维尔收集的样本和我从 77 号钻井平台的岩芯中提取的样本之中，我们需要做很多研究。最重要的是玻璃。当岩石熔化时——无论是缓慢地受到来自地球内部的高温，还是突然受到撞击——只要它迅速冷却下来，就没有时间形成晶体，其结果就是产生了原子无序排列的玻璃，而不是原子规则排列的晶格。玻璃保留了熔体的原始化学成分，但它们不稳定，很容易变成黏土。所以，从地质学来说，年代久远的玻璃是罕见的。

多年来，人们一直在寻找 KT 界线撞击所产生的玻璃，但只找到了原有化学物质被破坏的蚀变产物。尽管如此，找到玻璃仍然不是绝对不可能的。在 1990 年末和 1991 年初，四个不同的小组在位于海地的贝洛克镇附近找到的球粒中发现了玻璃。[1]美国地质调查局的格伦·伊泽特曾对 KT 界线被冲击波影响的石英做过详细研究，来自达特茅斯学院的约翰·利昂和查克·奥菲瑟从反对撞击的角度研究了贝洛克的 KT 界线地点。他们中的每一个人，以及弗洛朗坦本人，几乎在同一时间从贝洛克的球粒中找到了玻璃。除了达特茅斯小组，所有人都认为这些球粒是熔融玻璃微粒。撞击发生后，小球粒被喷射到大气层以外的太空中又落回到地球，形成了玻璃微粒。[2]

对贝洛克玻璃的化学成分和同位素的测量可以直接反映目标物质的组成内容，测量过程非常令人兴奋。据我们当时所知，之前石油公司挖到的那些岩芯已经全部在仓库被销毁了，我们在

163

---

[1] 比利·格拉斯是第一个发现年代更晚的撞击会产生玻璃的人：Glass，B. P.，1967，Microtektites in deep-sea sediments：Nature，v. 214，p. 372 – 374.

[2] Sigurdsson，H.，Bonté，P.，Turpin，L.，Chaussidon，M.，Metrich，N.，Steinberg，M.，Pradel，P.，and D'Hondt，S.，1991，Geochemical constraints on source region of Cretaceous/Tertiary impact glasses：Nature，v. 353，p. 839 – 842.

贝洛克找到的玻璃将是唯一的线索。一些最初的结果来自哈拉迪尔·西于尔兹松（Haraldur Sigurdsson）和法国地球化学家[①]的分析，他们发现这些玻璃主要由黑色玻璃构成，化学成分表明它来自尤卡坦半岛地底的大陆地壳岩石。在黑色玻璃中有黄色玻璃条纹，即来自在撞击中被熔融的富钙沉积物，例如石灰岩、白云石或硬石膏，这些沉积物在地底的上方沉积成厚层。

最后，我们终于明白为什么我们这么长时间以来一直被误导了。这是一个惊人的巧合。大自然把大陆地壳和大陆沉积物混合起来，产生了辉石和钙长石的化学成分——它们是海洋地壳的基本矿物。一个持续了近十年的错误终于被纠正了。

哈拉迪尔研究成果的第二个重要意义来自一个简单的事实，即玻璃中的颜色是条纹状的，这表明它没有保持足够长的熔化时间实现均匀化。单是这一点就可以证明撞击事件的存在，因为撞击产生的熔体会很快冷却，而火山熔体在很长一段时间内会保持液态，故而冷却之后的颜色几乎总是均匀的。

虽然我们在伯克利的小组没有得到令人兴奋的贝洛克玻璃，但是我们在米姆维尔有了新的发现。我们发现了大量球粒，遗憾的是每一个都蚀变了。我们对大多数球体中出现的微小气泡印象深刻。尽管发生了蚀变，但仍能看到这些气泡。我们怀疑它们是石灰石和白云石（来自受到撞击的岩石的表层）

① Margolis，S. V.，Claeys，P.，and Kyte，F. T.，1991，Microtektites，microkrystites and spinels from a Late Pliocene asteroid impact in the Southern Ocean；Science，v. 251，p. 1594－1597.

受到撞击时释放出来的二氧化碳气体。

我们没有找到任何玻璃。也许其他人会有更好的运气。我们把样品寄给了艾伦·希尔德布兰德，他肯定很乐意研究这些来自米姆维尔的东西，毕竟那里有距离希克苏鲁伯陨星坑最近的已知突出处。

就在那时，我们开始与斯坦·马戈利斯（Stan Margolis）——加州大学戴维斯分校的地质学教授、他的妻子和技术员凯伦以及他的比利时研究生菲利普·克拉埃（Phillipe Claeys）交往。斯坦在鉴定和分析陨星球粒方面有丰富的经验。当时，他正在和菲利普一起研究弗兰克·凯特在太平洋发现的一个年代较晚的撞击天体中的微玻璃陨星。① 如果有人能在米姆维尔的球粒中发现玻璃，那一定是斯坦和菲利普，所以我们也给了他们样品。

在 1991 年 5 月的一个值得纪念的日子，艾伦打电话告诉我一个好消息，他在米姆维尔的样品中发现了一些保存至今的玻璃碎片。我刚放下听筒，电话又响了，是菲利普，报告说他和斯坦也找到了玻璃。不久，加州大学圣地亚哥分校的地球化学家米里亚姆·卡斯特纳（Miriam Kastner）也从我们在 77 号钻井那里取来的样本中提取出了微小的玻璃碎片。如果扬、桑德罗和我坚持不懈，也许就能自己找到玻璃，但我很高兴我

① 利用现代技术重新钻探陨星坑已经成为对 KT 界线事件感兴趣的科学家的一个主要目标。休斯敦月球与行星研究所的巴克·夏普顿和墨西哥国立自治大学的路易斯·马林正在领导这项工作。

们没有找到，因为与斯坦和菲利普建立起来的友谊和合作关系是非常值得的。那年夏天，我们一直在戴维斯和伯克利之间来回穿梭——我们在分析米姆维尔的玻璃。1992年秋天，斯坦不幸死于癌症，菲利普和我一起完成了他的博士论文，而后菲利普来到伯克利做博士后研究。

当我们和斯坦、菲利普一起研究米姆维尔的玻璃时，其他实验室的研究人员正在分析贝洛克的玻璃。这是一个充满兴奋、团结一致的时代，因为撞击的直接化学线索就展现在我们面前。唯一无法再找到的是被墨西哥石油公司弄没的希克苏鲁伯陨星坑的岩芯。那些丢失的撞击点熔岩样本可以使各种化学和同位素测试成为可能，使我们能够确定贝洛克和米姆维尔的玻璃，以及所有其他KT界线喷射物是否真的来自希克苏鲁伯。格伦·彭菲尔德在猪粪堆中徒劳地寻找岩芯的这段影像固然有趣，但其实也很令人悲伤和沮丧。重要的证据就在离希克苏鲁伯港只有1英里（1.6千米）远的地方，但它在地下1英里，我们完全无法接近那里。[1]

---

[1] Swisher, C. C., III, Grajales-Nishimura, J. M., Montanari, A., Margolis, S. V., Claeys, P., Alvarez, W., Renne, P., Cedillo-Pardo, E., Maurrasse, F. J.-M. R., Curtis, G. H., Smit, J., and McWilliams, M. O., 1992, Coeval $40Ar/39Ar$ ages of 65.0 million years ago from Chicxulub Crater melt rock and Cretaceous-Tertiary boundary tektites: Science, v. 257, p. 954 - 958; Sharpton, V. L., Dalrymple, G. B., Marín, L. E., Ryder, G., Schuraytz, B. C., and Urrutia, J., 1992, New links between the Chicxulub impact structure and the Cretaceous/Tertiary boundary: Nature, v. 359, p. 819 - 821.

1991 年底，我们收到了来自墨西哥的好消息。墨西哥石油学会的研究者何塞·曼努埃尔·格拉哈莱斯（José Manuel Grajales）一直在样本档案中搜寻希克苏鲁伯岩芯。经过一段时间的调查工作，他终于找到了岩芯！这些岩芯并没有丢失或者毁坏，而是被储存了起来。这是很久以前的事情了，所以一时间很难找到它们。

一些岩芯中含有明显从熔岩中冷却下来的岩石。第一批岩芯样品可以说是世界上最珍贵的岩石，与月球样品一样稀有且信息丰富。在不久之后，曼努埃尔和其他墨西哥地质学家就找到了更多岩芯。这些岩芯的发现，使得将尤卡坦、贝洛克、米姆维尔、KT 界线连接在一起进行全面测试终于成为可能。

证据确凿

与此同时，报纸开始将希克苏鲁伯称为 KT 界线大灭绝之谜中的关键线索。事实上，在墨西哥石油公司的岩芯中找到的熔岩样本才是真正的关键线索。何塞·曼努埃尔·格拉哈莱斯和他的同事厄内斯托·塞迪略-帕尔多（Ernesto Cedillo-Pardo）开始了对熔融岩石的研究，墨西哥的科学家慷慨地允许其他研究人员一起来研究这些珍贵的样品。拥有一系列先进技术的实验室很快就得出了结果。伯克利分校和斯坦福大学的两个研究小组以及休斯敦月球和行星研究所的巴克·夏普顿

(Buck Sharpton)、美国地质调查局的布伦特·达尔林普尔（Brent Dalrymple）领导的另一个研究小组报告了辐射测年的结果，结果表明希克苏鲁伯熔融岩确实来自 KT 界线时代。[①]

对陨星坑年代的另一个更准确的确定来自化学研究。化学研究表明，来自陨星坑的熔融岩和来自海地、米姆维尔的玻璃具有相同的同位素特征。这些玻璃已经不太可能被证明与希克苏鲁伯无关了。由于玻璃正好位于有孔虫灭绝的地层层位上，陨星坑一定是在那个时候形成的。在这一结论的背后还发生了一场公开辩论。确定产生玻璃的撞击来源，以及希克苏鲁伯和玻璃之间同位素联系的一些关键工作由乔尔·布鲁姆（Joel Blum）和佩吉·张伯伦（Page Chamberlain）在达特茅斯完成。达特茅斯学院长期以来一直被认为是反撞击观点的大本营，因为查克·奥菲瑟、查尔斯·德雷克都在那里工作。现在，对 KT 界线大灭绝的两种解释在达特茅斯展开了公开辩论，最终在 1993 年的"达特茅斯恐龙灭绝辩论会"中达到高潮，对决的双方是查克·奥菲瑟和乔尔·布鲁姆。我真希望自己也能在现场听他们辩论！

① Blum, J. D. and Chamberlain, C. P., 1992, Oxygen isotope constraints on the origin of impact glasses from the Cretaceous-Tertiary boundary: Science, v. 257, p. 1104 - 1107; Blum, J. D., Chamberlain, C. P., Hingston, M. P., Koeberl, C., Marin, L. E., Schuraytz, B. C., and Sharpton, V. L., 1993, Isotopic comparison of K/T boundary impact glasses with melt rock from the Chicxulub and Manson impact structures: Nature, v. 364, p. 325 - 327.

风口浪尖的希克苏鲁伯与米姆维尔

扬、桑德罗和我天真地以为，在地球上发现最大的撞击坑，在几百千米外的 KT 界线地点确定海啸沉积物里由撞击产生的玻璃，将永远结束这个故事。我们真傻！科学研究是不可能轻而易举地结束的，每一处的逻辑和解释都要经过核验。这就是我们在希克苏鲁伯和米姆维尔的种种发现所面临的困境。挑战和反对言论迅速地出现，层出不穷，以至于有时候让我们难以招架，应接不暇。

当我们关于米姆维尔和 77 号钻井平台的论文发表时[1]，反对撞击论的人已经准备好火力，在全力对付我们了。查克·奥菲瑟和他的同事质疑所有关于加勒比海地区或附近地区撞击的证据，尤其质疑希克苏鲁伯熔融岩的来源。[2]普林斯顿大学的

---

[1] Smit, J., Montanari, A., Swinburne, N. H. M., Alvarez, W., Hildebrand, A. R., Margolis, S. V., Claeys, P., Lowrie, W., and Asaro, F., 1992, Tektite-bearing, deep-water clastic unit at the Cretaceous-Tertiary boundary in northeastern Mexico: Geology, v. 20, p. 99–103; Alvarez, W., Smit, J., Lowrie, W., Asaro, F., Margolis, S. V., Claeys, P., Kastner, M., and Hildebrand, A. R., 1992, Proximal impact deposits at the Cretaceous-Tertiary boundary in the Gulf of Mexico: A restudy of DSDP Leg 77 Sites 536 and 540: Geology, v. 20, p. 697–700.

[2] Officer, C. B., Drake, C. L., Pindell, J. L., and Meyerhoff, A. A., 1992, Cretaceous-Tertiary events and the Caribbean caper: GSA Today, v. 2, p. 69–75; Officer, C. B. and Page, J., 1996, The great dinosaur extinction controversy: Reading, MA, Addison-Wesley, 209 p.

有孔虫专家格尔塔·凯勒巩固了查克的观点。格尔塔长期以来都对撞击持怀疑态度，她是墨西哥 KT 界线撞击论最强有力的反对者。与她的同事沃尔夫冈·史丁内斯贝克（Wolfgang Stinnesbeck）、蒂埃里·阿达特（Thierry Adatte）一起，格尔塔很快来到米姆维尔，重新研究突出点，并在几乎所有方面对我们的解释提出了质疑。[①]随后的辩论大多围绕三米砂层上下方有孔虫记录不够清楚的地方展开。显然，对于这些互相冲突的观点会有一场大辩论，我们需要更多的信息来确定。因此，有必要返回墨西哥，寻找更多的 KT 界线突出处。桑德罗已经不在伯克利，他回到意大利建立了科尔迪吉奥科地质观测站。这是意大利第一个私人地质研究和教学机构，并很快发展成为一个主要的撞击研究中心。扬、妮科拉、米莉和我一起前往墨西哥。

铺地石与泡沫

在此前的一次旅行中，我们一直在探索一个陌生的地区，不确定好的突出点在哪里。我们接二连三地碰壁，直到最后一

---

① Keller，G.，MacLeod，N.，Lyons，J. B.，and Officer，C. B.，1993，Is there evidence for Cretaceous-Tertiary boundary-age deep-water deposits in the Caribbean and Gulf of Mexico?：Geology，v. 21，p. 776 - 780. For criticisms of this paper and the responses of Keller and her colleagues，see Geology，v. 22，p. 953 - 958，1993.

天下午在米姆维尔的边界处找到了 KT 界线地点。当我们在
1992 年 1 月返回那里时，我们希望能足够幸运地找到另一个突
出点。这次旅行与前次不同，我们目标明确，一行人都是对地
质非常了解的人。[①]

曼努埃尔从墨西哥城过来加入我们。他已经安排我们与墨
西哥在这个地区工作的石油公司雇员合作，他们大都是野外地
质学家。首先，我们会见了来自坦皮科办公室的毛利西奥·古
兹曼（Mauricio Guzman）和曼努埃尔·赞布拉诺（Manuel
Zambrano），他俩没有在 KT 界线地点上做过研究，但在浏览
了公司的野外地图之后，选择了一个比较好的地方并前往查
看。他们的目标是拉希利亚。这个村庄位于水坝旁，水坝蓄了
水，是一座巨大的浅水库。早上，我们冒着大雨，沿着铺在烂
泥滩上的碎石路，向拉希利亚驶去。毛利西奥和曼努埃尔开着
吉普车走在前面，我们开着面包车跟在后面。这些泥浆之前沉
积在墨西哥湾底部平静的深水里，很久以后才慢慢地升到海平
面以上。我们想象着，如果这条碎石路不能直通村子，那么我
们将会面临一场非常混乱的前行。突然，一直在研究地图的曼
努埃尔问了一个问题："拉希利亚是'拉哈'这个词的另一种

---

① Alvarez，W.，Grajales N.，J. M.，Martinez S.，R.，Romero M.，P. R.，Ruiz
L.，E.，Guzmán R.，M. J.，Zambrano A.，M.，Smit，J.，Swinburne，N. H.
M.，and Margolis，S. V.，1992，The Cretaceous-Tertiary boundary impact-
tsunami deposit in NE Mexico：Geological Society of America Abstracts with
Programs，v. 24，p. A331.

说法，"他说，"你们有人知道在西班牙语里这个词是什么意思吗?"我们都不知道。曼努埃尔翻译道："意思是铺地石!"

我们望着外面泥泞的沼泽地，想着铺地石可能的含义，开始感到乐观起来。果然，当我们绕过村庄前面的一个弯道时，发现就在那里，厚厚的砂岩从墨西哥湾的古老泥浆中缓缓倾斜而出，那就是拉希利亚的铺地石，村子就建在这片坚固的地面上。倾斜的砂岩被当地人凿穿，大坝就建在那里，两端都固定在露出地面的砂岩上。的确，正如曼努埃尔所猜测的那样，拉希利亚的砂岩是一处 KT 界线地点。

这里是另一片极佳的突出点，上面有许多现在看来像老朋友一样十分亲切的小球粒。扬对被摧毁的古老海岸上滑落下来的砂子特别感兴趣。这片岩层讲述了海啸引发的墨西哥湾海底激流的故事。毛利西奥·古兹曼和曼努埃尔·赞布拉诺选择了很好的目标，拉希利亚已经成为信息最丰富的 KT 界线突出点之一。

几天后，在距离此地以北的 100 千米处，曼努埃尔安排我们加入了石油公司的另一个地质学家团队。我们从雷诺萨出发，穿过得克萨斯州的格兰德河，在一个名叫特兰将军镇的广场上，遇到了里卡多·马丁内斯（Ricardo Martinez）、佩德罗·罗梅罗（Pedro Romero）和爱德华多·鲁伊斯（Eduardo Ruiz）等经验丰富的野外地质学家，他们的工作是绘制和研究墨西哥东北部的突出点，以获得有助于在地下寻找石油的信息。"你们到底想找什么?"他们问我们。

"这是 KT 界线的特殊岩层，"我解释道，手里拿着拉希利亚取来的样品，"岩层上有这些小球粒，看——用手镜放大观察你可以看到里面有微小的气泡。我们怀疑它们是希克苏鲁伯陨星坑喷出的熔滴。"

里卡多、佩德罗和爱德华多以一种奇怪的眼神看着对方，然后佩德罗向他们的吉普车走去。他拿着一大块石头回来，指着一个满是小气泡的球粒，笑着问："这就是你要找的东西吗？"我们都高兴得大笑起来。在他们绘制地图的过程中，他们发现球粒岩层是 KT 界线的一种特殊存在，并对新莱昂和塔毛利帕斯州的许多地方进行了追踪研究，想知道它可能是什么东西。他们知道它在哪里，我们知道它是什么——真是完美的组合。

在接下来的几天里，我们在沙漠中研究了一个又一个优秀的 KT 界线突出点。穆拉托，岩层在泥泞的山坡上倾斜；佩尼翁，你可以在 KT 界线砂层暴露在外的顶部到处散步，足足有两到三个足球场那么大；夸特莫克，海啸在白垩纪的淤泥中凿出一条深沟；新兰乔，沉重的 KT 界线砂层陷入了底部的软泥里。每到晚餐时，里卡多、佩德罗和爱德华多会给我们讲述墨西哥东北部的地质研究史，我们则会告诉他们关于 KT 界线大灭绝和寻找撞击点的故事。在研究了九个新的突出点之后，我们无法继续停留，一场反常的暴风雪让我们不得不与石油公司的同事们道别，带着一堆需要分析的新样品回家了。

1992年1月，在墨西哥东北部寻找 KT 界线地点。 左起：里卡多·马丁内斯、佩德罗·罗梅罗、爱德华多·鲁伊斯、曼努埃尔·格拉哈莱斯、扬·斯密特、妮科拉·斯温伯恩、米莉·阿尔瓦雷斯、沃尔特·阿尔瓦雷斯。

转折点

　　1991—1992 年的那个冬天似乎是一个转折点。从 1980 年起，我和扬·斯密特就确信是撞击杀死了恐龙。十多年来，KT 界线撞击的证据看起来越来越完善①，但总有严重的缺陷

———————————

①　本书正文中未详细讨论一些其他支持撞击理论的证据：
　　（1）KT 界线的球状体含有从蒸气云结晶而来的富镍尖晶石，（转下页）

和令人不安的疑虑。在试图找到撞击地点的过程中，有太多的希望破灭了，也遭受了太多的挫折。现在，我们在希克苏鲁伯找到了一个令人信服的陨星坑，里面有熔融岩石的样本，以及

（接上页）部分来自撞击天体，参见：Smit, J. and Kyte, F. T., 194, Siderophile-rich magnetic spheroids from the Cretaceous-Tertiary boundary in Umbria, Italy: Nature, v. 310, p. 403 - 405; Bohor, B. F., Foord, E. E., and Ganapathy, R., 1986, Magnesioferrite from the Cretaceous-Tertiary boundary, Caravaca, Spain: Earth and Planetary Science Letters, v. 81, p. 57 - 66; Kyte, F. T. and Smit, J., 1986, Regional variations in spinel compositions: An important key to the Cretaceous/Tertiary event: Geology, v. 14, p. 485 - 487; Robin, E., Boclet, D., Bonté, P., Froget, L., Jéhanno, C., and Rocchia, R., 1991, The stratigraphic distribution of Ni-rich spinels in Cretaceous-Tertiary boundary rocks at El-Kef（Tunisia）, Caravaca（Spain）, and Hole-761C（Leg-122）: Earth Plan, v. 107, p. 715 - 721; Robin, E., Bonté, P., Froget, L., Jéhanno, C., and Rocchia, R., 1992, Formation of spinels in cosmic objects during atmospheric entry: a clue to the Cretaceous-Tertiary boundary event: Earth and Planetary Science Letters, v. 108, p. 181 - 190.

（2）从斯泰温斯崖的 KT 界线黏土中回收到了外星氨基酸，参见：Zhao, M. and Bada, J. L., 1989, Extra-terrestrial amino acids in Cretaceous/Tertiary boundary sediments at Stevns Klint, Denmark: Nature, v. 339, p. 463- 465.

（3）在 KT 界线岩层中发现了微小的撞击形成的钻石，参见：Carlisle, D. B., 1992, Diamonds at the K/T boundary: Nature, v. 357, p. 119 - 120; Carlisle, D. B. and Braman, D. R., 1991, Nanometre-size diamonds in the Cretaceous Tertiary boundary clay of Alberta: Nature, v. 352, p. 708 - 709; Gilmour, I., Russell, S. S., Arden, J. W., Lee, M. R., Franchi, I. A., and Pillinger, C. T., 1992, Terrestrial carbon and nitrogen isotopic ratios from Cretaceous-Tertiary boundary nanodiamonds: Science, v. 258, p. 1624 - 1626.

（4）锇的同位素比率表明，KT 界线的铂族元素来自流星，参见：Luck, J. M. and Turekian, K. K., 1983, Osmium-187/Osmium-186 in manganese nodules and the Cretaceous-Tertiary boundary: Science, v. 222, p. 613 - 615.

米姆维尔、贝洛克和 77 号钻井平台找到的 KT 界线的玻璃。实验室的结果出来了，几乎没有任何可供人再去质疑 KT 界线的玻璃来自希克苏鲁伯，或是希克苏鲁伯是地球上最大的撞击坑之一的缺漏了。

我们的第二次墨西哥之旅也有同样的感觉：所有线索都连在了一起，我们终于了解白垩纪末期墨西哥湾周围发生了什么。在我们的第一次墨西哥之旅中，在几天的徒劳扫搜之后，最后发现的那个突出点就像上天赐予的礼物。但是在第二次墨西哥之旅时，一切都不同了。我们知道该找什么，每天我们都会在预测的地方发现新的突出点。每个突出点都在告诉我们 6 500 万年前那可怕的一天发生的故事。

海啸让秘密最终暴露在光天化日之下。经过数年坚持不懈的寻找，哪怕经历了一次又一次的失败，海啸的沉积物还是把侦探们带到了犯罪现场，所有的证据都摆在了眼前。在不断寻找、探索的过程中，就我个人而言，关键的转折点发生在特兰将军广场，里卡多·马丁内斯、佩德罗·罗梅罗、爱德华多·鲁伊斯向扬和我展示了在塔毛利帕斯和新莱昂找到的那些充满气泡的球粒，并带领我们去查看了 KT 界线海啸砂层。

第七章

希克苏鲁伯之后的世界

新生代的黎明

白垩纪—第三纪界层线标志着地球历史中的一个断层。早期地质学家选择它作为生命史的基本分界线是正确的：它划分了中生代和新生代——古生物和近代生物。在6 500万年前的希克苏鲁伯撞击之后，地球的生态系统发生了根本性的改变。恐龙长期而稳定的统治地位被一次偶发事件终结了。新世界为许多不同的生物所继承，而彼时微不足道的哺乳动物则开始了它们主宰陆地的生活。

值得深思的是，我们每个人都是某种未知的祖先的后代。在那一天，当致命的陨星从天上掉下来的时候，它们得以幸存。这些哺乳动物存活下来，而恐龙没有，这就是为什么我们现在作为个体和物种存在于这个世界上的原因。1.5亿年的自然选择让恐龙变成了庞大的生物，主宰着这个世界，但在撞击的那天这样的进化没有带来任何好处。恐龙无法在撞击后的环境中继续生存下去，当尘埃落定、大地恢复往日生机之后，这个世界已不再属于恐龙，恐龙的世界已经成为这个星球记忆的一部分。

虽然哺乳动物当时也没有进化出抵抗撞击的能力，但不知何故它们存活了下来，并逐渐进化成这个星球的新主人。没有人知道为什么，不过有一点是可以肯定的，那就是它们的体型比恐龙小很多，数量也非常庞大，故而在灾难面前，它们有更大的机会幸存下来。

当撞击对环境的破坏性影响减弱之后，哺乳动物幸存者面对着一个全新的世界。以往的霸主不复存在，危险与机遇同时摆在它们面前。每一个物种都在进化，以特定的方式生存——在食物链中占据着特定的位置。从某种意义上说，任何依赖于恐龙的哺乳动物物种，或者依赖于某种消失的植物的物种，最终也都会灭绝。进化的大门已经敞开，大型陆地哺乳动物将出现在地球上。在灾难发生之前，恐龙是陆地上唯一的大型生物，而所有的哺乳动物都很小。大灭绝之后，哺乳动物最显著的进化特征之一就是体型迅速变大。此外，哺乳动物物种的数量也迅速增加。在这次进化中，哺乳动物显然成功地抓住了种种机遇，找到了适应新世界的方法。

研究希克苏鲁伯陨星

从人类的角度看，人类及其语言、文字、文明、科技、艺术等的出现是地球生命史上最重要的事件之一。智人所取得的成就是哺乳动物中前所未有的。从地质学角度看，一切都是以惊人的速度在发生。3.5 万年的人类历史与我们个人的寿命相比似乎是一段漫长的时间，但从地质学角度来看，它是完全微不足道的！我们应该如何运用自己的能力来影响这个星球，始终是一个充满争议的话题。随着 20 世纪的结束，也许人类所从事的最伟大的智力活动就是全球性的科学研究——汇聚各方的智慧与努力，了解宇宙、我们生活的星球、生命的种类以及我们所能看到的和正在研究的自然法则。

随着希克苏鲁伯陨星坑的发现，对撞击点进行的十年搜索终于结束了。我们的视线将转移到其他方向，研究领域将发生改变，以前从未思考过的新问题随之出现。通过研究希克苏鲁伯陨星坑及其周围环境，我们现在需要知道在这场巨大的撞击中到底发生了什么。撞击的速度在实验室是无法模拟的，冲击波和温度也完全超出了我们的正常经验范围。

180

这项研究能够使我们更好地解决最困难的问题：是什么样的环境破坏导致了大量动植物的灭绝？我们很难找到直接的物理证据告诉我们霸王龙是如何灭绝的，因为我们不可能看到当时还活着的霸王龙标本。尽管如此，我们可以以一种更明智的方式推测灭绝机制，因为撞击点位于石灰岩和硬石膏的下方，这样的撞击一定释放了大量的二氧化碳和硫酸。如果撞击发生在海洋中，就会产生大量的水蒸气；如果撞击在花岗岩或变质岩上，就会产生相对较少的水蒸气。

地质学家和地球物理学家正集中精力研究希克苏鲁伯陨星坑及其周围环境。在此研究领域，墨西哥科学家处于领先地位。也许研究陨星坑最令人兴奋的方法是墨西哥国立自治大学的浅层钻探计划，该计划由路易斯·马林（Luis Marín）和海梅·乌鲁蒂亚（Jaime Urrutia）领导。深层钻探的成本非常高，以至于需要很长时间来安排和筹措资金。但在一个小型钻井平台和墨西哥城政府的资助下，科学家已经能够触及被掩埋的喷射物覆盖层的顶部。他们成功获取了第一批新的撞击样本，并为国际研究机构提供了岩芯。

　　地球物理学家对地下构造有间接的研究方法，这些方法正得到广泛应用。由休斯敦月球与行星研究所的巴克·夏普顿领导的研究小组通过研究引力的微小变化，报告了直径为 300 千米的陨星坑特征。[1]然而，艾伦·希尔德布兰德的团队使用同样的重力方法，却没有发现直径超过 170 千米的巨坑。[2]这种差异在科学会议上引发了一些激烈争论。

　　更多关于陨星坑地下结构的详细信息来自地震反射研究。在很长一段时间里，最好的地震数据来自得克萨斯大学迪克·巴夫勒（Dick Buffler）多年前记录的地震线。安东尼奥·卡马戈和赫拉尔多·苏亚雷斯（Gerardo Suarez）发现了两条新的地震线，这两条线穿过了位于海岸北部的陨星坑。[3]他们如今已经成为墨西哥国立自治大学的研究负责人，正在寻找更多

---

[1]　Sharpton，V. L.，Burke，K.，Camargo Zanoguera，A.，Hall，S. A.，Lee，D. S.，Marín，L. E.，Suárez Reynoso，G.，Quezada Muñeton，J. M.，Spudis，P. D.，and Urrutia Fucugauchi，J.，1993，Chicxulub multiring impact basin：size and other characteristics derived from gravity analysis：Science，v. 261，p. 1564 - 1567.

[2]　Hildebrand，A. R.，Pilkington，M.，Connors，M.，Ortiz Aleman，C.，and Chavez，R. E.，1995，Size and structure of the Chicxulub crater revealed by horizontal gravity gradients and cenotes：Nature，v. 376，p. 415 - 417.

[3]　Camargo Z.，A. and Suárez R.，G.，1994，Evidencia sísmica del cráter de impacto de Chicxulub：Boletín de la Asociación Mexicana de Geofísicos de Exploración，v. 34，p. 1 - 28.

地震线。

　　所有这些研究陨星坑的方法都是相辅相成的。地震线的研究提供了跨越陨星坑的单一横贯形式，显示了深度特征的模式。钻探则使得识别和解释地震线的特征成为可能。最后收集到的整个地区的重力测量数据，使地球物理学家能够扩展二维的地震信息，从而得到陨星坑完整的三维图像。

　　这些常见的地球物理研究方法所得出的证据，被凯文·波普（Kevin Pope）、阿德里亚娜·奥坎波（Adriana Ocampo）和查尔斯·杜勒（Charles Duller）发现的一系列完全出乎意料的证据所强化。凯文是洛杉矶咨询地质学家和考古学家，在尤卡坦半岛待过很多年。他的妻子阿德里亚娜是帕萨迪纳喷气推进实验室的行星科学家，也是行星遥感专家。查尔斯·杜勒则在圣何塞附近的美国国家航空航天局艾姆斯研究中心工作。他们在尤卡坦的地图上补充了玛雅地下水洞的分布图。这些小而圆、有活水的湖泊为玛雅人提供了淡水，使他们的文明得以建立。令人惊讶的是，这些水源的位置连在一起，形成了一个环，勾勒出了被掩埋的希克苏鲁伯陨星坑。我们之前一直以为地表没有任何陨星坑的痕迹。目前，还没有人知道一个深埋地底的陨星坑如何让其上方的泉水如此规律地分布，但这个环是显而易见的。[①]

[①] Pope, K. O., Ocampo, A. C., and Duller, C. E., 1991, Mexican site for K/T impact crater：Nature, v. 351, p. 105；Pope, K. O., Ocampo, A. C., and Duller, C. E., 1993, Surficial geology of the Chicxulub impact crater, Yucatán, Mexico：Earth, Moon, and Planets, v. 63, p. 93 - 104.

寻找最近的突出点

与此同时，研究人员在陨星坑附近的地区加强了对 KT 界线突出点的搜索。越是接近陨星坑，喷射物沉积层就越厚，碎片也就越大。墨西哥的恰帕斯州看起来是个好地方，热带植被郁郁葱葱。墨西哥地质学家在那里所从事的研究显然领先于其他研究人员，其中佼佼者是胡安·贝穆德斯（Juan Bermudez），曼努埃尔·格拉哈莱斯和他的古生物学家妻子玛丽亚·德尔卡门·罗萨莱斯（Maria del Carmen Rosales），以及与他们同行的菲利普·克拉埃和桑德罗·蒙塔纳里。路易斯·马林和巴克·夏普顿以及哈拉迪尔·西于尔兹松也曾研究过恰帕斯边界。恰帕斯的 KT 界线突出点是独一无二的，它记录了一个浅水石灰岩平台边缘的崩塌事件：石灰岩变得松动，然后被冲走，最后落入邻近的深水区域中。这一切都是在撞击碎片从天而降的时候发生的。

我想我们大多数人都怀疑真正的喷射物沉积层突出点能否被发现，因为尤卡坦半岛已经下沉了 1.5 亿多年，而且似乎不仅是陨星坑，周围所有的喷射物覆盖层都被较晚形成的沉积物掩埋了。凯文和阿德里亚娜发现的地下水洞组成的圆环，促使他们在尤卡坦半岛广阔的热带平原上寻找突出点。他们穿过整个半岛，有时和阿尔弗雷德一起，观察每一座地平线以上的小

184

在伯利兹的阿尔比恩岛采石场，阿德里亚娜·奥坎波和凯文·波普发现了最接近
希克苏鲁伯陨星坑的 KT 界线喷射物沉积层突出点。

山，检查他们能找到的每一个采石场。这次搜寻让他们发现了迄今为止最令人兴奋、也最令人费解的 KT 界线突出点之一。在 1995 年 1 月，菲利普、米莉和我参加了由行星协会赞助的实地考察，凯文、阿德里亚娜、来自北岭加利福尼亚州立大学的尤金·弗里切（Eugene Fritsche）和墨西哥古生物学家弗朗西斯科·维加（Francisco Vega）与我们同行。

伯利兹位于墨西哥和危地马拉之间尤卡坦半岛的东南角。从奥兰治路开车往西，我们来到了圣安东尼奥的村庄。在这里，里约热内卢的河流沿着阿尔比恩岛的两边分流，那里有一座低矮的小山，两侧是灰岩坑，四周是平坦的平原。山的内部是采石场，近期才开凿。采石场下方 25 米处是均匀的层状白云石，这是尤卡坦半岛特有的基岩。当石灰岩中一半的钙被镁代替时，白云石就形成了，但这个过程通常会抹去石灰岩起初所记录的大部分信息。当石灰石变成白云石时，内部的化石结构通常会被破坏，因而很难确定这些岩石的年代。弗朗西斯科凭着他作为古生物学家所拥有的敏锐双眼，从中找到了不易发现的螃蟹化石——他的专长研究对象，以及蜗牛的化石。经过弗朗西斯科和扬·斯密特的讨论，蜗牛化石被确定为来自白垩纪末期。这一观点增加了我们对阿尔比恩岛采石场白云石顶部的兴趣。

白垩纪的基岩之上有一处 15 米高的白云石碎片层。凯文和阿德里亚娜认为这是来自希克苏鲁伯陨星坑的喷射物，但我和菲利普觉得并非如此。那个巨大的陨星坑应该是在尤卡坦半岛地壳深处砸出来的，从里面抛出了各种石块，包括来自大陆

185

地壳的花岗岩，但是在阿尔比恩岛的碎片几乎全是白云石——被撞击的岩石的表层。此外，从陨星坑喷射而出的石块应该是有棱角的。地质学家用"角砾岩"一词来表示具有棱角的岩石，这才是我们认为喷射物沉积层中岩石应该有的样子，但是采石场中的白云石碎片都是圆形的。起初，菲利普和我都弄不清楚这到底是什么东西。我们日复一日地检查采石场的那些岩石，讨论这些白云石究竟是不是希克苏鲁伯的喷射物。最后，我们在很大程度上相信了它们确实来自撞击，因为在碎片层的底部有一些细小的黏土物体。这在所有的白云石碎片中是独一无二的，它们看起来像是被蚀变了的玻璃液滴。

如果阿尔比恩岛真的有希克苏鲁伯喷射物沉积层，那么它奇异的特征将会提供关于撞击的新信息。也许这些碎片并非来自第一个陨星坑，而是来自之后产生的坑——大块喷射物落下后砸出的较小的坑，只能穿透浅层的白云石。或许这些碎片在到达伯利兹之前被水、气体或其他岩石摩擦，因而被打磨成了圆形。当然，真正的答案也可能跟我们想的完全不一样。我们取得的样品将被送到实验室做进一步检测。弗兰克·阿萨罗已经在喷射沉积物的底部发现了铱含量异常，这表明它含有来自撞击天体的物质。布鲁斯·福克（Bruce Fouke）是研究石灰石和白云石的专家。他来到伯克利，在阿尔比恩岛白云石中解读出了一份在撞击前、撞击中和撞击后事件中的详细历史记录。随着阿尔比恩岛的样品开始在实验室进行检验，越来越多的奇怪特征出现了，我们有望对希克苏鲁伯撞击产生新的认识。

希克苏鲁伯的双重火球

一旦我们知道了陨星坑的位置，就开始思考喷射物是如何散布在世界各地的。为此，我开始计算撞击天体的喷射轨迹。希克苏鲁伯撞击产生的火球足够大，可以将喷射物炸出大气层，发射到喷射轨道上。这些轨道的终点就是世界各地喷射物所沉积的地方。在一个像月球一样自转缓慢的物体上，喷射物的运动模式可能很简单，而在自转得更快的地球上，这种模式会变得很复杂，完全不符合预计轨道。比如当喷射物在空中时，因为地球在它的下方转动，喷射物就会落到它原有目标点的西边。[①]

有一天，菲利普从我背后看了看我绘制的地图，地图上写明了计算所得的轨道喷射物沉积量，他说："瞧瞧这些喷射物是怎么落到太平洋里的！我敢打赌这能解释詹妮弗发现的那些被冲击波影响的石英石。"詹妮弗·博斯特威克（Jennifer Bostwick）是我们系的毕业生，在弗兰克·凯特和约翰·沃森的指导下于加州大学洛杉矶分校攻读研究生。她和弗兰克在研究太平洋的 KT 界线沉积岩岩芯时，发现了大量受到冲击的石英颗粒，而在希

---

① Alvarez，W.，1996，Trajectories of ballistic ejecta from the Chicxulub Crater, in Ryder, G., Fastovsky, D., and Gartner, S., eds., The Cretaceous-Tertiary event and other catastrophes in Earth history: Geological Society of America Special Paper, v. 307, p. 141 – 150.

克苏鲁伯以东同样距离的地方却几乎没有找到任何受冲击的石英。这种石英发现地点的不对称性完全出乎我们意料。[1]

我们发现这种不对称性看起来就像电脑屏幕上计算出来的地图。突然间，一切都能解释得通了——地球的自转扭曲了受冲击的石英下落的轨迹。为了满足这一点，受到冲击的石英颗粒在射向空中时必须沿着相当陡峭的角度行进。菲利普和我很快意识到，如果石英颗粒与水平面成 70°角向上喷出，而熔化的喷射液滴与水平面成 45°角向上喷出，那么这些液滴会在石英受到冲击波影响之前就落到蒙大拿州等地。这就能解释在第五章中提到的令人费解的双层界线沉积物。[2]双层界线岩层是美国西部 KT 界线的一个特征，受冲击的石英颗粒正好位于由熔化的喷射液滴形成的球体上方。它们被分离得如此干脆利落，以至于误导人认为 KT 界线发生过两次时间不同的撞击。现在，我们可以

---

[1] Bostwick, J. A. and Kyte, F. T., 1996, The size and abundance of shocked quartz in Cretaceous-Tertiary boundary sediments from the Pacific Basin, in Ryder, G., Fastovsky, D., and Gartner, S., eds., The Cretaceous-Tertiary event and other catastrophes in Earth history: Geological Society of America Special Paper, v. 307, p. 403 - 415.

[2] Bohor, B. F., 1990, Shocked quartz and more; Impact signatures in Cretaceous/Tertiary boundary clays, in Sharpton, V. L. and Ward, P. D., eds., Global catastrophes in Earth history: Geological Society of America Special Paper, v. 247, p. 335 - 342; Izett, G. A., 1990, The Cretaceous/Tertiary boundary interval, Raton Basin, Colorado and New Mexico, and its content of shock-metamorphosed minerals; evidence relevant to the K/T boundary impact-extinction theory: Geological Society of America Special Paper, v. 249, p. 1 - 100.

明确这两层沉积物都来自希克苏鲁伯。只要石英的喷出角度比喷射液滴的角度更大就会形成这种结果。但为什么会这样呢？

　　我们需要找一位撞击动力学方面的专家谈谈。幸运的是，苏·基弗（Sue Kieffer）就在这时访问了伯克利。苏研究过各种剧烈的地质现象：大峡谷中飞流而下的熔岩瀑布，圣海伦斯火山爆发时发生的事件，通过将一个机器人放入喷射口来探索间歇式喷泉喷发，还有陨星坑。苏在写关于陨星坑的博士论文时就已经着手研究，该论文是在吉恩·休梅克指导下完成的。[1]苏是一位优秀的音乐家。她曾经告诉我，慢节奏乐段总是让她感到厌烦，她喜欢急板音乐或是活泼的快板音乐，她也钟爱那些快速发生的地质现象。

　　菲利普和我告诉苏，如果有某种方法可以让石英沿着比熔滴发射角度更大角度的轨道发射出去，我们就可以解释詹妮弗发现的受冲击的石英以及双层沉积物。经过一天的思考，苏想出了一种似乎说得通的解释。在对大多数岩石的撞击中，固体和液体喷射物以大约45°的轨迹被发射出去，形成一个巨大的环形"喷射弹幕"。该喷射弹幕与火球很可能被"蒸气流"分割开来。"蒸气流"指的是从撞击现场喷射出去的气化碎片形

---

① Kieffer, S. W., 1981, Fluid dynamics of the May 18 blast at Mount St. Helens; U. S. Geological Survey Professional Paper, v. 1250, p. 379 - 400; Kieffer, S. W., 1989, Geologic nozzles; Reviews of Geophysics, v. 21, p. 3 - 38; Simonds, C. H. and Kieffer, S. W., 1993, Impact and volcanism; a momentum scaling law for erosion; Journal of Geophysical Research, B, v. 98, p. 14, 321 - 14, 337.

成的云。这些现象在正常的撞击中已经被详细分析过了。[①]但是苏意识到希克苏鲁伯的撞击显然非比寻常。石灰岩在撞击过程中释放了大量二氧化碳，肯定有两个而非一个气态火球：第一个是极热的气化岩石组成的云团，第二个是由那些受到较轻冲击的石灰岩释放的、温度较低的二氧化碳蒸气云。苏的计算结果证实了我和菲利普的推测。看到撞击的种种细节问题都被如此巧妙地解决了，我感到很满意。[②]

190

均变论

希克苏鲁伯是一个分水岭。随着 KT 界线陨星坑最终被发现，那种否认所有灾难性事件推论的均变论已经彻底消失。虽然没有科学家会怀疑地球的许多变化确实是渐进发生的，但地质学家现在也可以按照自己的想法探索偶尔发生的灾难性事件在地球上留下的痕迹。

板块构造运动和 KT 界线撞击理论所要求的观点变化之间存在明显的不对称性。板块构造运动在概念上是属于均变论的，但它极大地改变了几乎所有地质学家的思维方式，因为到

---

① Melosh，H. J.，1988，Impact cratering: a geologic process: Tucson, University of Arizona Press，272 p.

② Alvarez，W.，Claeys，P.，and Kieffer，S. W.，1995，Emplacement of KT boundary shocked quartz from Chicxulub crater: Science, v. 269, p. 930–935.

处都有板块构造的证据。板块构造过程至少持续了 10 亿年，几乎在每一个地方都留下了它们在岩石中记录的地球历史。地质学家的科学观完全被板块构造所改变了。

具有讽刺意味的是，尽管在概念上属于灾变论，但接受撞击事件曾真实发生以及均变论的核心思想已经消亡，对地质学家的影响却相当渐进而温和。撞击是如此罕见，以至于很难找到与它们相关的证据。除了最大的那一次，很难在地层记录中找到其他撞击的信息。像 KT 界线事件这样足以导致大灭绝的巨大撞击，很容易被留存在岩石记录中，撞击层与其上下层的化石是不同的。寻找对生态没有显著影响的较小撞击是非常困难的，它们的沉积物更可能是偶然而非刻意发现的。

然而，即使进展非常缓慢，地质学家如今也知道在世界各地的地层记录中有几处撞击喷射物的沉积。这些撞击的证据补充了已知陨星坑的清单，目前已经增加到了 130 个。①地层记录中的喷射物年代跨度很大，从极其古老到相当靠近现代。一些撞击与大规模灭绝有关；另一些则由于撞击力度太小，无法对当地生物之外的物种产生影响。

斯坦福大学的唐·洛（Don Lowe）正在研究前寒武纪的沉积岩，这层沉积岩早在大量化石出现之前就沉积下来了。他对里面的球状物很感兴趣，并证明了它们是从远古时代的撞击

① 最新的陨星坑清单由理查德·格里夫和劳里·佩索宁汇编：Grieve, R. A. F. and Pesonen, L. J., 1992, The terrestrial impact cratering record: Tectonophysics, v. 216, p. 1 - 30.

中喷射出来的。[1]在澳大利亚，维克托·戈斯廷（Victor Gostin）和他的同事在前寒武纪沉积岩中发现了一层撞击喷射物，能够证明它来自大约 300 千米外的阿克拉曼陨星坑。[2]

前寒武纪地层中几乎没有化石，因此也没有生物灭绝的证据。前寒武纪末期后的 5.7 亿年有详细的化石记录，这些记录提供了五次大规模灭绝和大约五次较小规模灭绝的证据。KT 界线是最近五次大灭绝中最晚的一次，它所提供的信息比其他任何一次都要多得多。在 KT 界线研究工作开展的早期，我们的伯克利小组假设过所有大规模灭绝都是由撞击造成的。情况可能也确实如此[3]，但必须强调的是在 KT 界线并没有发现其

---

[1] Lowe, D. R. and Byerly, G. R., 1986, Early Archean silicate spherules of probable impact origin, South Africa and western Australia: Geology, v. 14, p. 83 – 86; Lowe, D. R., Byerly, G. R., Asaro, F., and Kyte, F. T., 1989, Geological and geochemical record of 3, 400-million-year-old terrestrial meteorite impacts: Science, v. 245, p. 959 – 962.

[2] Gostin, V. A., Haines, P. W., Jenkins, R. J. F., Compston, W., and Williams, I. S., 1986, Impact ejecta horizon within Late Precambrian shales, Adelaide Geosyncline, South Australia: Science, v. 233, p. 198 – 200; Williams, G. E., 1986, The Acraman impact structure: source of ejecta in Late Precambrian shales, South Australia: Science, v. 233, p. 200 – 203; Gostin, V. A., Keays, R. R., and Wallace, M. W., 1989, Iridium anomaly from the Acraman impact ejecta horizon: impacts can produce sedimentary iridium peaks: Nature, v. 340, p. 542 – 544; Wallace, M. W., Gostin, V. A., and Keays, R. R., 1990, Acraman impact ejecta and host shales: Evidence for low-temperature mobilization of iridium and other platinoids: Geology, v. 18, p. 132 – 135.

[3] Raup, D. M., 1991, Extinction—Bad genes or bad luck?: New York, W. W. Norton, 210 p.

他大灭绝的撞击证据。

　　然而，确实存在一些诱人的证据。大约 3.65 亿年前，泥盆纪末期发生了一次大灭绝。加拿大古生物学家和地质学家迪格比·麦克拉伦（Digby McLaren）在 1970 年竞选美国古生物学会主席的演讲[1]中暗示这次突然性的灭绝可能是撞击事件造成的。早在十年前，麦克拉伦就提出过类似的观点，却被完全忽略了。最近，王昆在中国的弗拉斯期—法门期界线发现了撞击玻璃[2]，让-乔治·卡西耶（Jean-Georges Casier）和菲利普·克拉埃在比利时也发现了同样的东西[3]。现在看来，麦克拉伦几乎是先知一般的存在。

　　另一次大灭绝发生在 2.05 亿年前的三叠纪—侏罗纪界线。戴夫·拜斯（Dave Bice）和凯西·牛顿（Cathy Newton）曾在意大利的突出处发现了受冲击的石英颗粒，从而证明了撞击的发生。[4]在 3 400 万年前的始新世—渐新世界线也发生过一次

[1]　McLaren, D. J., 1970, Presidential address: Time, life and boundaries: Journal of Paleontology, v. 44, p. 801 - 815.

[2]　Wang, K., Orth, C. J., Attrep, M., Jr., Chatterton, B. D. E., Hou, H., and Geldsetzer, H. H. J., 1991, Geochemical evidence for a catastrophic biotic event at the Frasnian/Fammenian boundary in south China: Geology, v. 19, p. 776 - 779; Wang, K., 1992, Glassy microspherules (micro-tektites) from an Upper Devonian limestone: Science, v. 256, p. 1547 - 1550.

[3]　Claeys, P., Casier, J.-G., and Margolis, S. V., 1992, Microtektites and mass extinctions: evidence for a Late Devonian asteroid impact: Science, v. 257, p. 1102 - 1104.

[4]　Bice, D. M., Newton, C. R., McCauley, S., Reiners, P. W., and McRoberts, C. A., 1992, Shocked quartz at the Triassic-Jurassic boundary in Italy: Science, v. 255, p. 443 - 446.

较小、不太突然的灭绝事件，由桑德罗·蒙塔纳里领导的研究
小组对其进行了深入研究。他们发现受冲击的石英和铱含量异
常，成功证明发生过不止一次撞击。[①]在同一时代还有另外两
个大陨星坑，一个在西伯利亚，另一个在切萨皮克湾的下方。[②]

其他的地层学证据意外地让人们发现，撞击强度与生物灭
绝并没有绝对的联系。弗兰克·凯特对他在南太平洋偏远地区
海底沉积物中发现的年代很晚（230 万年前的上新世）的喷射
物进行了详细研究。[③]

最壮观的撞击岩层是由约翰·沃姆（John Warme）和他
科罗拉多矿业学校的学生在内华达州南部阿拉莫附近的山区发

---

① Montanari，A.，Asaro，F.，and Kennett，J. P.，1993，Iridium anomalies of
late Eocene age at Massignano（Italy），and ODP Site 689B（Maud Rise，
Antarctica）：Palaios，v. 8，p. 420 – 37；Clymer，A. K.，Bice，D. M.，and
Montanari，A.，1996，Shocked quartz from the late Eocene：impact
evidence from Massignano，Italy：Geology，v. 24，p. 483 – 486.

② Masaitis，V. L.，1994，Impactites from Popigai crater，in Dressler，B. O.，
Grieve，R. A. F.，and Sharpton，V. L.，eds.，Large meteorite impacts and
planetary evolution：Geological Society of America Special Paper，v. 293，
p. 153 – 162；Koeberl，C.，Poag，C. W.，Reimold，W. U.，and D. Brandt，
1996，Impact origin of the Chesapeake Bay structure and the source of the
North American tektites：Science，v. 271，p. 1263 – 1266.

③ Kyte，F. T.，Zhou，Z.，and Wasson，J. T.，1981，High noble metal concen-
trations in a late Pliocene sediment：Nature，v. 292，p. 417 – 420；Kyte，F.
T.，Zhou，L.，and Wasson，J. T.，1988，New evidence on the size and pos-
sible effects of a Late Pliocene oceanic asteroid impact：Science，v. 241，
p. 63 – 65；Margolis，S. V.，Claeys，P.，and Kyte，F. T.，1991，Microtek-
tites，microkrystites and spinels from a Late Pliocene asteroid impact in the
Southern Ocean：Science，v. 251，p. 1594 – 1597.

现的。在研究泥盆纪时期看似正常的层状石灰岩时，他们逐渐意识到，像办公楼那么大的大块基岩已经松动，而且它们的下方注有石灰岩碎片的泥浆。在这一堆发生了微小移动的巨大块体上面，他们发现了一个角砾岩矿床，由覆盖在泥盆纪时期内华达州的浅海底部的角状碎片构成。从块体到角砾岩，阿拉莫矿床给人的印象是海底发生了突然、剧烈的破坏，撕裂了基岩最上方的部分，并把较深地层的大部分掀了起来。约翰把这组引人注目的块体和碎片命名为阿拉莫角砾岩，并邀请多位地质学家与他一起考察这个地区。他仔细研究了阿拉莫角砾岩所记录的信息，判断是撞击还是其他灾难性事件造成了此种结果。最后，他在角砾岩中发现了明显的石英颗粒，由此确定了与撞击之间的联系。[1]约翰目前的想法是，西部海洋中的一次大撞击引发了巨大海啸，海啸冲击内华达州大陆边缘时造成了这种破坏。有一段时间，这种撞击似乎可以解释弗拉斯期—法门期大灭绝，但是，查尔斯·桑德伯格（Charles Sandberg）使用详尽的古生物学年代测定，表明阿拉莫角砾岩的撞击比大灭绝要早大约 300 万年。[2]它是一次强大到足以对大陆边缘造成大规模破坏的撞击，但还不足以扰乱全球生物圈。

[1] Leroux, H., Warme, J. E., and Doukan, J.-C., 1995, Shocked quartz in the Alamo breccia, southern Nevada: Evidence for a Devonian impact event: Geology, v. 23, p. 1003 – 1006.

[2] Warme, J. E. and Sandberg, C. A., 1996, Alamo megabreccia: Record of a Late Devonian impact in southern Nevada: GSA Today, v. 6, p. 1 – 7.

保存在沉积层中的撞击记录很少，目前已知的陨星坑远多于喷射物沉积层。但是，随着越来越多的地质学家开始了解撞击，并能够在发现喷射物时立刻辨认出来，撞击的地层记录将会增加。我们对此充满期待。

火山活动的作用

撞击作为一种地质现象长期被地质学家所忽视，如今我们必须承认它属于罕见但意义重大的事件，而且是 KT 界线大灭绝的原因。一直以来，地质学家对火山活动更感兴趣。一些地质学家认为火山活动是 KT 界线大灭绝的另一个原因。既然现在有如此充分的理由证明撞击才是造成大灭绝的主因，那么火山活动是否可以完全从具有全球性影响的灾难事件名单中划出去呢？

似乎还不能。因为仍有一些有趣而神秘的迹象表明火山活动与此相关。正如在第五章中谈到的，杜威·麦克莱恩提出印度德干地盾的巨大火山区域①是 KT 界线灭绝的原因，樊尚·库尔蒂约的小组认为这个火山群在非常接近 KT 界线的时期喷发过。然而，许多熔岩流之间的土壤层表明，德干火山活动持

① "地盾"一词来自荷兰语，意为"台阶"，指的是印度德干高原玄武岩流侵蚀形成的阶梯状地形。随着科学家之间的交流增多，"地盾"一词现被用于形容大陆上的其他大型玄武岩地区，其中最大的是西伯利亚地盾。

续时间太长，无法解释 KT 界线大灭绝这样一个突发性事件。如果不是出现了第二次这样的巧合，我可能会把德干火山和 KT 界线撞击灭绝之间明显的年代匹配看成是同一件奇怪的事件。

在地球历史上，最严重的一次大灭绝事件发生在 2.5 亿年前的二叠纪—三叠纪界线。[①]没有证据支持或反对当时发生过撞击，因为在世界上其他地方几乎都没有发现跨越二叠纪—三叠纪界线保存下来的地层记录。另一方面，大陆上熔岩流出量最大的是西伯利亚地盾，与德干地盾相似，但体积要大得多。最近，伯克利地质年代学中心的保罗·伦尼（Paul Renne）已经获得西伯利亚地盾和二叠纪—三叠纪界线之间关联的可靠数据[②]，它们之间有着不可分割的关系！

一名好的侦探不应该忽视 KT 界线与德干火山喷发时间上的巧合，特别是当它被类似西伯利亚地盾和二叠纪—三叠纪界线之间的巧合所支持时。这一切绝对不仅仅是巧合。但是现在，我不知道有谁能对撞击、火山活动和物种大灭绝之间的联

---

① Erwin, D. H., 1993, The great Paleozoic crisis: life and death in the Permian: New York, Columbia University Press, 327 p.; Erwin, D. H., 1994, The Permo-Triassic extinction: Nature, v. 367, p. 231 - 236; Erwin, D. H., 1996, The mother of mass extinctions: Scientific American, v. 275 (July), p. 72 - 78.

② Renne, P. R., Zhang, Z., Richards, M. A., Black, M. T., and Basu, A. R., 1995, Synchrony and causal relations between Permian-Triassic boundary crises and Siberian flood volcanism: Science, v. 269, p. 1413 - 1416.

系给出合理解释。这个显而易见的想法——撞击会导致火山爆发和大规模灭绝——似乎不太现实，因为希克苏鲁伯离印度实在太遥远。①现在我们的情况是这样的：我们都对这个谜题充满兴趣，也有一些明显线索，但没人能给出合理解释。

重现过去

目前尚不清楚火山活动的作用在我们最终理解地球上灾难性事件中将扮演什么角色。但随着已知陨星坑的数量每年增加两三个以及越来越多的岩石记录中发现存在撞击碎片，彗星和小行星撞击地球正被地质学家接受为地球生命史上的正常现象，因为它显然也发生在太阳系的其他地方。尤卡坦半岛的撞击是不寻常的，因为它的规模大到可以导致大规模灭绝，但它也只是一系列撞击现象中较为特殊的一个。各种大小的物体都会不断落到地球上，只是较小的物体落得更频繁。最小的物体，如砂粒大小甚至更小的，不会落到地球表面，因为它们在大气中就会因摩擦而燃烧殆尽，形成我们称为流星的光带。流星是如此频繁，以至于几乎所有远离明亮光源的人都能每隔几分钟就在黑暗的夜空中看到一颗。

---

① 有人认为，在一个地点发生的陨星撞击会引发周围的火山活动，而地震能量正好集中在地球的另一侧。但在 KT 界线时期，印度距离希克苏鲁伯撞击点有 3 000 千米，因此这种说法似乎无法成立。

　　有人会认为，天空中唯一可见的碰撞就是来自这些微陨星的光带。出乎意料的是，这场彻底推翻均变论的伟大研究的关键并非低头俯视记录地球历史的岩石，而是仰望星空。

　　吉恩·休梅克比其他所有人都更能体现学科内对陨星坑的理解、对太阳系地质学的扩展以及最终战胜 19 世纪教条主义的均变论学说的进步。从他年轻时用小型望远镜观察月球并梦想去那里开始，到他证明陨星坑来自撞击、为登月任务训练宇航员、领导了一个又一个深空探测任务、挖掘 KT 界线撞击的真相、多次实地考察澳大利亚的沙漠环形山，他总是扮演着领路人的角色。

　　因此，这个讲述撞击与大灭绝故事的最后一段应该以吉恩·休梅克、他的妻子卡罗琳和他们的朋友大卫·利维为中心。这再合适不过了。[1]多年以来，吉恩和卡罗琳经常和大卫一起，每个月都在黑夜中前往帕洛马尔山的天文台，一次又一次地拍摄天空，逐步完成了可能经过地球的小行星的普查表。这些太空岩石的轨道可能与地球的轨道相交，撞上地球多少是概率性事件。吉恩想知道这些潜在的威胁有多少，它们平均多久撞击地球一次，以及是否有任何我们需要立即应对的直接

---

① Levy, D. H., 1995, Impact Jupiter: the crash of comet Shoemaker-Levy 9: New York, Plenum Press, 290 p.; Spencer, J. R. and Mitton, J., eds., 1995, The great comet crash: the impact of comet Shoemaker-Levy 9 on Jupiter: New York, Cambridge University Press, 118 p; Dauber, P. M. and Muller, R. A., 1996, The three big bangs: New York, Addison-Wesley, 207 p., Ch. 2.

危险。

卡罗琳最善于在底片上发现小行星和彗星，所以是她向吉恩和大卫喊道："看看这个，我想我找到了一颗被压扁的彗星!"很快，清晰化的照片显示，他们发现的彗星并不仅仅是被压扁，而是完全支离破碎了。这颗周期性的彗星"休梅克-利维9号"，正如标好的路线那样，已经被木星捕获，它正绕着这颗巨大的行星而不是太阳运行。有一次，就在卡罗琳注意到它之前不久，彗星离木星太近了，木星引力把它撕成了碎片，灰尘从刚刚破碎的碎片表面飘走，使原来暗淡的彗星碎片闪闪发光。

碎片的轨道被计算了出来。令天文学家和地质学家惊讶和高兴的是，它们将在下一次经过时撞上木星。观测计划是在匆忙与兴奋中制订的，1994年7月彗星碎片撞击木星时，无论地球上还是太空中的各种望远镜，都已经跃跃欲试地瞄准了观察对象。这次撞击的壮观超出了所有人的想象。当较大的碎片坠入木星近乎无底洞一般的大气层时，受到震荡的物质在木星上空数千千米处升起。然后，在木星强大的引力作用下，坍塌在大气层顶部。它们的坍塌产生了强烈的热能爆发，通过地球上的望远镜可以清楚地看到热量发出的红外光。

在一个对我们而言安全的距离，大自然正在做着一场人类无法达成的实验。天文学家被他们在望远镜里看到的场面震惊了。对于我们这些长期与吉恩·休梅克一起工作的人来说，看到撞击能够被研究地球历史的人普遍接受，更是感到深切的满足。这次木星撞击提供了无可争议的证据，证明巨大的撞击并不只发生在遥远的过去。无论现在，还是将来，撞击事件依然会在太阳系上演。

来自木星撞击的热能爆发在理智的层面令人非常满意，可它们也令人警醒和感慨。因为当我们看到另一个星球上发生的巨大撞击时，仿佛亲眼见证霸王龙在中生代世界终结的那一天看到末日陨星坑中喷出那致命尘埃的一幕。

图书在版编目（CIP）数据

霸王龙与末日陨星坑 / （美）沃尔特·阿尔瓦雷斯著；
张之远译 . —上海：上海科学技术文献出版社，2023
ISBN 978-7-5439-8755-5

Ⅰ . ①霸… Ⅱ . ①沃…②张… Ⅲ . ①恐龙—普及读
物 Ⅳ . ① Q915.864-49

中国国家版本馆 CIP 数据核字（2023）第 029561 号

T. Rex and The Crater of Doom

图字：09-2019-972

选题策划：张　树　　责任编辑：黄婉清　　封面设计：留白文化

霸王龙与末日陨星坑
BAWANGLONG YU MORI YUNXINGKENG

[美]沃尔特·阿尔瓦雷斯　著　张之远　译
出版发行　上海科学技术文献出版社
地　　址：上海市长乐路 746 号
邮政编码：200040
经　　销：全国新华书店
印　　刷：商务印书馆上海印刷有限公司
开　　本：850mm×1168mm　1/32
印　　张：6.875
字　　数：139 000
版　　次：2023 年 6 月第 1 版　2023 年 6 月第 1 次印刷
书　　号：ISBN 978-7-5439-8755-5
定　　价：45.00 元
http://www.sstlp.com